U0396086

本书得到教育部人文社科研究基地重大招标项目"基于社会空间辩证法视角下苏南城乡社会空间重构研究（15JJDZONGHE015）"资助

空间生产视角下苏锡常城乡社会空间重构研究

曹灿明　著

苏 州 大 学 出 版 社

图书在版编目(CIP)数据

空间生产视角下苏锡常城乡社会空间重构研究/曹灿明著. —苏州:苏州大学出版社,2019.12
ISBN 978-7-5672-2971-6

Ⅰ.①空… Ⅱ.①曹… Ⅲ.①城乡规划-空间规划-研究-江苏 Ⅳ.①TU984.253

中国版本图书馆 CIP 数据核字(2019)第 260098 号

书　　名：空间生产视角下苏锡常城乡社会空间重构研究
著　　者：曹灿明
责任编辑：孙志涛
装帧设计：吴　钰

出版发行：苏州大学出版社(Soochow University Press)
出 版 人：盛惠良
社　　址：苏州市十梓街 1 号　邮编：215006
印　　刷：宜兴市盛世文化印刷有限公司
网　　址：www.sudapress.com
邮　　箱：sdcbs@suda.edu.cn
邮购热线：0512-67480030
开　　本：700mm×1 000mm　1/16　印张：14　字数：252 千
版　　次：2019 年 12 月第 1 版
印　　次：2019 年 12 月第 1 次印刷
书　　号：ISBN 978-7-5672-2971-6
定　　价：45.00 元

凡购本社图书发现印装错误,请与本社联系调换。
服务热线：0512-67481020

目 录

1 绪 论

1.1 选题背景与意义

一、选题背景

1. 城乡关系是城市化研究的逻辑起点

城乡关系是我国现代化建设中面临的重大课题,同时也是建设小康社会与和谐社会的重大课题。健康和谐的城乡关系有利于经济、社会与环境协调发展和我国社会主义现代化建设的全面完成。

城乡关系是社会生产力发展和社会大分工的产物,城市产生后,城乡关系随之产生。城乡关系是研究城市化的逻辑起点。马克思曾说:"它(大工业)建立了现代的大工业城市——它们的出现如雨后春笋——来代替自然形成的城市。凡是它渗入的地方,它就破坏手工业和工业的一切旧阶段。它使城市最终战胜了乡村。""城乡关系的面貌一旦改变,整个社会的面貌也跟着改变。"①

2008 年以来,全球半数以上人口聚集在城市,而到 2050 年这一比例将增长到 2/3。目前,欧洲及南北美洲均已高度城市化,非洲及亚洲的城市化速度也相当惊人,据预计,2020 年亚洲人口半数将生活在城市,而非洲将有可能在 2035 年达到这一水平。② 2018 年中国城市化率达到 59.58%③,中国有一半以上人口居住在城市,我国城乡关系正在发生着剧烈的变化,城乡模式正在重组,中国原有的城乡模式已经不能适应发展的需要,城乡关系以及城乡一体化已经成为当

---

① 马克思恩格斯文集:第 1 卷[M]. 北京:人民出版社,1972:123.

② 联合国报告:2050 年地球 2/3 都是城里人[EB/OL]. http://finance.ifeng.com/news/special/czhzls/20130220/7680739.html.

③ 国家统计局. 中华人民共和国 2018 年国民经济和社会发展统计公报[EB/OL]. http://www.stats.gov.cn/tjsj/zxfb/201902/t20190228_1651265.html.

前国内外研究的新课题之一。

基尼系数反映了居民收入水平差距。2016 年,我国的基尼系数为 0.465,是 2003 年以来的最低值。从 2010—2016 年,城乡居民收入差距从 3.23 倍缩小到 2.72 倍,行业收入差距也有所缩减。① 但城乡差距依然很大,城乡二元结构阻碍了中国小康社会的建设。城乡差别不仅体现在收入方面,而且体现在教育、医疗、就业、消费、政府的公共投入等方面。

中国共产党十八届三中全会审议通过的《中共中央关于全面深化改革若干重大问题的决定》中指出,城乡二元结构是制约城乡发展一体化的主要障碍。要大力推进以人为核心的城镇化,促进城镇化和新农村建设协调推进。② 党的十九大报告提出:坚持乡村振兴战略,建立健全城乡融合发展体制和政策体系。③

2. 空间:一个分析中国城乡关系的重要维度

在西方历史文明中,空间长久以来作为一种"容器"或"平台"。正如 Foucault(1980)所言:"空间被看作是僵死的、刻板的、非辩证的和静止的东西。"④ 1970 年后,西方人文与社会科学界开始重新思考空间、时间与社会的关系,对于空间的认识经历了从绝对空间,到功能空间,再到社会空间的转变。随着人类劳动的发展,空间已经由静止的空间变成商业的空间、消费的空间、生产的空间和居住的空间。一旦静止的空间与人类生产和生活相结合,空间就具有社会性。"(社会)空间是(社会的)产物。"[(Social) Space is a (social) product. (Lefebvre, 1991)]⑤ 空间变成社会关系的产物。哈维于 1973 年发表的《社会正义与城市》标志着马克思主义地理学的正式形成(Harvey,1973),并提出了资本的三次循环理论,以资本逻辑对资本主义城市化本质进行了深刻的解读。⑥ 他对空间本质的追求是反思空间生产理论、社会正义、城市这三大问题,建立资本、城市化、空间等问题的历史-地理唯物主义体系,形成"社会过程-空间形式"

① 统计局:2016 年基尼系数为 0.465 较 2015 年有所上升[EB/OL]. http://news. k618. cn/finance/cjxs/201701/t20170120_10128342. html.

② 中共中央关于全面深化改革若干重大问题的决定[EB/OL]. http://www. ce. cn/xwzx/gnsz/szyw/201311/18/t20131118_1767104. shtml.

③ 习近平:决胜全面建成小康社会 夺取新时代中国特色社会主义伟大胜利——在中国共产党第十九次全国代表大会上的报告[EB/OL]. http://www. chinanews. com/gn/2017/10-27/8362199. shtml.

④ Foucault M. Questions on Geography. In: C. Goudon (ed.). Power/Knowledge: Selected Interview and Other Writings 1972 – 1977[M]. New York: Pantheon Books, 1980:63 – 77.

⑤ Lefebvre, Henri. The Production of Space[M]. Oxford; Cambridge, Mass: Blackwell. 1991:26 – 27.

⑥ Harvey, David. Social Justice and the City[M]. University of Georgia Press. 1973:22 – 44.

概念,实质上是社会-空间统一体的思想。苏贾提出了"社会-空间"辩证法理论,建立了社会、历史和空间的三元辩证法,并将此理论运用于都市化的研究之中。①

通过空间生产理论,从空间生产、资本逻辑、城乡社会空间协调等方面对中国城乡社会空间进行重构具有很大的理论价值和实践意义。

3. 城乡社会空间重构:面临的重大课题

城乡二元结构导致城乡分离,进而导致城乡居民在权益上的不平等,不利于和谐社会的建立。长期以来实行的"城市偏向"的区域经济发展政策,导致城乡差距扩大。近年来虽然在农村政策方面有所倾斜,但只是城乡差距有所缩小,远远没有达到城乡一体化程度。同时城市内部以农民工为代表的流动人口很难享受城市的权益,城市存在户籍人口与流动人口新的二元结构。当前城乡矛盾主要体现在:农业基础薄弱;农业科技支撑力度微弱;城乡社会公共服务产品差别很大;城乡二元制结构有所缓解,但又形成新的二元结构。由于城乡不同的社会关系形成不同的空间,如何重构城乡社会空间,建立城乡共生、空间共享的社会结构是我国未来面临的重大课题。

4. 苏锡常:中国城乡社会空间重构的典型样本

以苏州、无锡、常州三市为代表的"苏南模式"通过发展乡镇企业实现乡村工业化,是中国典型的乡村城镇化模式,"新苏南模式"通过建设新城新区吸引外资,以股份制经济为主体,城镇化、工业化为主轴,促进一、二、三产业逐步发展,实现苏锡常地区的"空间城镇化"。"苏南模式"与"新苏南模式"的典型区域为苏州、无锡、常州三市。苏锡常地区作为中国最发达的地区之一,吸引越来越多外来务工人员,成为全国人口主要流入地区之一;苏锡常城市内部存在城市户籍人口与流动人口的城市"二元结构";苏锡常城乡经济差距虽然缩小,但是依然存在城乡教育、医疗卫生、社会保障等方面的差距。如何重构发达地区城乡社会结构,为全国其他地区和社会和谐发展提供样本经验借鉴,是本书的主要研究背景。

二、研究意义

1. 理论意义

从空间生产理论视角研究城乡社会空间结构,推动城乡社会空间结构由一维功利主义空间导向转为人本主义导向的均衡空间,由传统城镇化向均衡的新

---

① Soja E. The Socio-Spatial Dialectic[J]. Annals of the Association of American Geographers, 1980 (70):126 - 142.

型城镇化方向发展,对于构建新型城乡共生、空间共享的城乡社会有很强的理论意义。

本书运用空间生产理论对苏锡常地区传统城镇化发展进行批判性研究,运用社会空间辩证法对新型城镇化发展方向进行探索。苏锡常地区城镇化大致经历了三个阶段:① 改革开放前缓慢城镇化阶段。② 1978—2012 年的乡村城镇化和资本主导的城镇化阶段。在这个阶段住房体制改革和土地制度改革导致地方政府成为追求经济效益的企业型政府,开发区建设、城市建成环境建设、新城建设成为新的空间生产的形式,土地财政支撑着城镇化的资本循环,权力逻辑和资本逻辑主导着城镇化进程,从而引发一系列城镇化危机和社会矛盾,使得传统资本逻辑推动下的城镇化难以为继。③ 2012 年以后的新型城镇化阶段。在这个阶段人的城镇化成为新型城镇化的核心。如何体现城乡居民尤其是农村居民的利益,对保证不同群体参加城乡空间生产,实现城市权利,探讨城乡共生、空间共享的城乡社会空间结构,有很好的理论价值。

2. 实践意义

从空间生产视角研究苏锡常城乡社会空间结构,通过对苏州、无锡、常州等地外来流动人口的问卷调查,构建经济模型,通过苏锡常流动人口市民化意愿和能力来分析苏锡常城市二元结构重构;从城乡一体化和城市创新空间生产视角,以苏州为案例,分析苏州城乡一体化发展和城市创新空间生产实践,重构苏锡常城乡社会空间结构,对中国其他区域城乡社会重构有一定的借鉴价值。

苏锡常地区的城镇化进程,相对于传统城镇化的空间蔓延而言,已经进入城乡社会空间重构的阶段。在这个阶段,必须超越传统的中性概念的空间观,赋予空间以新的社会内涵,深刻认识城乡社会空间重构所带来的社会结构重构,并认识到城乡社会空间重构与社会建设之间的统一性,以及制度建设在城乡社会空间重构与社会建设之间的中介作用,突破权力和资本的增长联盟所树立的理论逻辑。

基于以上思考,本书认为"空间生产视角下苏锡常城乡社会空间重构研究"是时代赋予的历史使命,也是苏锡常地区城镇化发展到新阶段的必然要求,对其进行研究对于推进我国新型城镇化的发展和推进社会建设具有重大的现实意义,同时,对于建立和完善中国特色的城市理论体系亦具有一定的理论价值。

1.2 相关概念界定

一、空间生产

空间生产理论最早是列斐伏尔提出来的,他是西方空间生产理论的鼻祖。列斐伏尔认为,土地、地底、空中,甚至光线,都被纳入了生产力与产物之中。都市挟其沟通与交换的多重网络,成为生产工具的一部分。城市及其各种设施(港口、火车站等)乃是资本的一部分。空间从来不是预先给定的东西,也不是一个中立的范畴、一个被动的场景、一个客观的精神王国,空间是社会的产物(Space is a social product)。空间从来不是空洞的,空间到处弥漫着社会关系,社会在生产空间的同时,空间也在积极、能动地形塑和构建社会,空间是社会关系运作的结果与媒介(Lefebvre,1991)。①

空间生产概念有狭义和广义之分,狭义的空间生产是一种物质生产,是创造符合自身生存和发展需要的空间产品的活动过程,通过实践活动实现物质资料在空间中的重构,从而创造出满足人的需要的空间;广义的空间生产不仅包括物质资料的生产,还包括社会关系的生产,是占有空间和争夺空间的过程。②"空间生产"概念的提出是对传统社会理论中过于强调物质资料生产的时间维度而忽视空间维度的纠偏。

二、社会空间

列斐伏尔的《空间的生产》一书作为空间生产理论的代表作,开启了社会理论的空间转向,开始从空间视角审视社会。

列斐伏尔认为,社会空间就是一种社会性的产品,它包含四层含义:① 社会空间是以自然空间为原料生产出来的,自然空间是各种社会空间的基础和起点;② 每一种社会形态都有自己的社会空间,社会关系是一种具体的存在,自己投入空间中,打上自己的烙印,同时又生产着空间;③ 社会空间既是具体的,又是抽象的;④ 每一种生产方式都有自己的社会空间,在从一种生产方式发展到另一种生产方式的过程中伴随着新空间的产生。③

---

① Henri Lefebvre. The Production of Space[M]. Oxford; Cambridge, Mass; Blackwell,1991;26-29.

② 庄友刚. 何谓空间生产?——关于空间生产问题的历史唯物主义分析[J]. 南京社会科学,2012(5):36-42.

③ 潘可礼. 亨利·列斐伏尔的社会空间理论[J]. 南京师范大学学报(社会科学版),2015(1):13-20.

根据列斐伏尔的三元空间辩证法,将空间分为物质空间、精神空间和社会空间,物质空间是感知的(perceived)空间,精神空间是构想的(conceived)空间,而社会空间则是生活的(lived)空间。社会空间不是物质空间和精神空间的叠加,而是由物质空间和精神空间共同构建,形成生活的空间。社会空间具有统治、服从和反抗的关系,是一种开放的空间,具体到人们亲身经历的空间则主要体现为日常生活的空间。

三、逻辑机理

逻辑泛指规律,包括思维规律和客观规律。从经济学角度看,逻辑指的是社会经济发展的规律;机理指为实现社会经济系统各要素的工作方式以及它们之间相互联系、相互作用的规则和原理。逻辑机理就是社会经济各要素之间相互联系、相互作用的规律和原理。

四、权力逻辑

权力是一种社会关系,马克思从宏观权力角度认为,权力的根本目的是为经济服务,是维护生产关系的工具,是进行社会整合、缓和冲突和维持社会正常秩序的必要手段。福柯主要从微观权力视角认识空间生产的权力,他认为,空间乃权力、知识等话语转换为实际权力关系的关键,是任何权力运作的基础。空间与权力相互建构,一方面,空间本身就代表权力,空间权力是最重要的权力;另一方面,权力通过城市与乡村空间发挥作用,空间是权力的载体,城乡空间不平等体现为权益的不平等。

从经济学视角看,权力逻辑是中央政府通过土地、户籍控制城乡居民的经济权益以及其他社会权益,地方政府通过微观权力如城乡规划具体落实和实施权力,从而在城市和乡村之间发挥作用,造成城乡权益的失衡。

五、资本逻辑

资本逻辑指的是在城镇化过程中,跨国资本、国有资本、民营资本通过资本循环,进入城市的工业生产、建成环境和科学技术、教育、卫生以及国防等方面的第一级、第二级、第三级资本循环,获取最大利益的过程。

城镇化引起全球资本主义生产关系等空间矛盾,从而导致资本主义的空间不平衡。跨国企业进行全球投资,全球资本进行时空转移,表现为全球"空间修复"过程。改革开放以来,中国取得举世瞩目的成绩,同样离不开全球资本的时空转移,中国通过吸引外来投资,利用先进的生产技术和管理经验,在提高自身经济实力的同时,也进入全球的资本循环。跨国资本与国有资本以及民营资本通过权力运用、社会控制、资本扩张渗透到苏锡常城乡空间发展过程中。

1.3　研究内容

本书首先全面深入地进行空间生产的经典历史文献收集和解读,并对空间生产代表人物的经典著作进行解读,梳理和总结空间生产理论研究历史进展以及西方社会和空间关系发展的阶段性,为全书积累相关的理论基础和研究方法;然后解读城乡关系理论发展过程,掌握各种城乡关系理论的背景及应用价值;最后进行理论评述。全书的研究内容包括以下五个部分。

一、苏锡常城乡社会空间问题分析

依据苏锡常地区城镇化发展历史、现状与问题,对当前苏锡常地区城镇化发展阶段做出科学判定,这是研究苏锡常地区城乡社会空间重构的出发点,也是从空间生产理论视角研究苏锡常地区城乡社会空间重构的基本依据,社会结构完善是新历史阶段面临的战略选择。基于这样的思考,苏锡常地区城镇化由传统城市空间规模扩张转型到城乡社会空间重构阶段,其深层含义在于,重视制度建设,重构苏锡常地区城乡社会空间。

在梳理中国城镇化阶段划分的基础上,可以判定,苏锡常地区城镇化发展经历了两个阶段。从城乡关系变化的角度看,苏锡常地区社会发生了巨大的转变。第一个 30 年,走的是一条非城镇化的工业化、消除城乡差别的道路;第二个 30 年,走向了资本城镇化和空间城镇化的时代,城乡关系变成"核心-边缘"关系,城市处于核心,乡村成为边缘。这种城镇化带来环境污染、空间失控、城乡差距拉大等城镇化危机。

未来苏锡常地区应当进一步明确发展方向,走"新型城镇化"道路。要明确空间生产的需求面向,将空间生产的根本目的由资本积累转向社会需求;要通过空间生产促进社会公平正义,实现城乡共生、社会公平、空间共享。

本部分主要对新中国成立之后两个 30 年苏锡常地区城镇化进行解读,特别是对第二个 30 年进行历史解读,这是因为 20 世纪 90 年代以来苏锡常地区城市建成区空间扩张和新城的大规模建设导致了严重的空间失控问题,形成新的城市二元结构,城市与乡村差距扩大,带来巨大的社会和生态问题,需要运用空间生产对其进行批判性解读。这是探讨未来新型城镇化健康发展的现实依据,也是探讨苏锡常地区城乡社会空间重构解释框架和动力基础的理论依据。

二、苏锡常城乡社会空间生产的逻辑机理研究

苏锡常地区城镇化发展首先需要从结构主义角度找出城乡空间重构的理

论基础,根据中国国情将空间生产、"社会-空间"辩证法、资本循环等理论引入苏锡常地区城镇化研究领域;接着探讨土地制度、财税制度形成的城乡社会空间结构的资本逻辑,户籍制度、城乡规划共同构成的权力逻辑,从而形成"权力＋资本"的空间城镇化过程,解构城乡社会空间结构的深层机制;最后通过空间正义和空间权利来分析城乡社会空间的构建目标,使得城乡社会空间结构从"资本＋权力"逻辑走向"资本＋权力＋社会"逻辑。

三、苏锡常城乡二元空间重构:苏州案例

本部分属于案例部分,以苏州为例,运用空间生产理论中的三次资本循环理论分析苏州城乡社会空间一体化和城市创新空间的重构。苏州发展的第一阶段主要利用廉价劳动力推动加工制造业的发展,即资本的第一次循环;第二阶段是资本进入房地产领域推动开发区和新城建设,即资本的第二次循环;第三阶段通过制度改革和建设正确地引导资本循环,使得资本循环进入区域创新和城乡社会重构领域,即资本的第三次循环,这也是本部分研究的重要内容。通过苏州工业园区纳米产业集群分析创新空间生产的过程、现状及问题,提出城市创新空间生产不能忽视城市边缘人群的参与空间生产的权利。从空间实践的角度提出苏州城乡社会空间重构的空间策略。

四、苏锡常城市二元空间重构:流动人口市民化视角

流动人口与户籍人口形成的城市二元结构是城乡矛盾的重要体现之一。本部分通过对苏州、无锡、常州三市外来流动人口进行问卷调查,分析苏锡常流动人口的入户意愿和入户能力,利用 Logistic 经济模型分析苏锡常入户政策的影响和不足。从流动人口和城市边缘人群着手,通过提高流动人口入户能力、保障流动人口的各项权利、保障流动人口住房、重视城市边缘人群参与空间生产的城市权利等几个方面促进重构苏锡常城市内部流动人口与户籍人口的二元结构。

五、建立新型城乡社会空间结构

实施从哲学高度推动一维功利主义的空间导向转型到人本主义导向的均衡城镇化战略,促进城乡社会空间由失衡向均衡的转变。在这个过程中制度变迁是最为重要的。转型是一种大规模制度变迁的过程,仅仅将转型理解为一种资源配置方式的转换或一种经济制度的变革,那是相当狭隘的。苏锡常地区社会空间转型是社会文化与传统制度环境的转变、社会结构的转型、资源配置方式转变和政府权力行为转变等主要变量变化的统一。这些内生的驱动力会推动从单一的权力和资本支配下的城镇化走向一个权力、资本和社会三方共同驱

动下的空间正义的新型城镇化的方向。

1.4 研究思路与框架

借鉴空间生产理论，批判性地揭示苏锡常地区传统城镇化的问题，探索新型城镇化城乡社会空间重构的战略方向，并将最终研究引向一种发展模式的转型。本书的研究框架如图 1-1 所示。

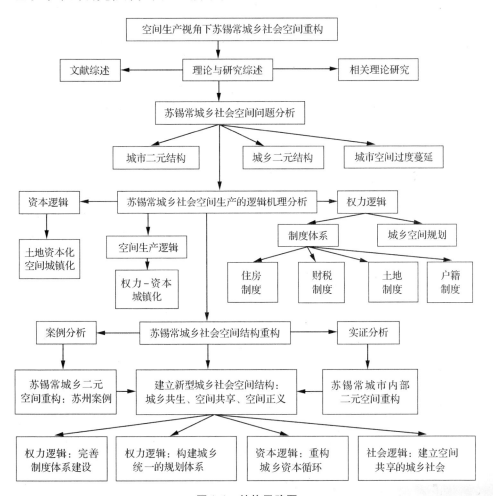

图 1-1 结构思路图

1.5 研究方法

一、结构主义分析方法

苏锡常城乡社会结构重构实际上是一个特大系统的重构,城乡社会空间的形成既有时间的演化,也有空间的演进,其中许多因素和机制相互关联,可以通过结构来分析诸多要素之间的相互关系及城乡社会空间重构的作用机制。

从时间演化进程来看,苏锡常城乡社会空间结构经历改革开放前的计划经济时期、以乡镇企业为代表的"苏南模式"发展时期、外资引进时期、城乡一体化时期;从空间演化进程来看,苏锡常城乡社会空间结构经历工业城市空间生产、乡镇企业空间生产、开发区空间生产、新城区空间生产和创新空间生产的不同阶段,本书将从时间、空间两方面对苏锡常城乡社会空间生产及重构的因素和机制进行分析。

二、社会调查法

1. 宏观尺度调查

通过对苏州城乡一体化的"三大置换""三大集中""三大合作"的土地制度调查,苏州积分入户制度调查,以及苏州城乡低保、医疗保险和养老保险"三大并轨"的社会保障制度调查,分析苏州城乡一体化的空间生产过程以及资本循环回路。

2. 微观尺度典型社区调查

本书选择苏州典型外来人口分布社区,如莲花社区、敦煌社区,无锡外来人口集聚地梅村的凯利公社、东亭的云林苑社区、新区新光路的春潮园和万裕苑,常州的新北区等地进行问卷调查研究,通过微观尺度研究外来务工人员的市民化能力和市民化意愿。

三、经济学方法

Logistic 回归模型可以根据单个或多个连续或者离散自变量来分析和预测二元或多元因变量。

与线性回归直接针对因变量的分析不同,Logistic 回归模型可以寻找风险因素,预测概率大小,即在已经建立的 Logistic 回归模型的基础上,根据估计结果,预测在不同情况下,某个事件的发生概率,在对二分类因变量进行统计分析时,实测数据为事件是否发生;预测成功与否,可通过分类表格判断;该表格显示二分类、序次分类、多分类因变量的分类正确或不正确。

本书利用 Logistic 逻辑模型分析苏锡常流动人口市民化意愿和市民化能力,从而从流动人口视角为苏锡常流动人口市民化、城市边缘人群的城市权利维护等方面提供建议。

1.6　可能的创新之处

一、视角创新

运用空间生产和资本循环理论解释苏锡常城镇化的历史进程与空间生产过程,剖析传统城镇化存在的问题,总结苏锡常城镇化和城乡一体化的历史经验与规律,提出苏锡常城乡社会空间重构的逻辑。这在中国目前研究城镇化方面过于重视实证研究,忽视规范研究和结构研究的情况下具有重要的创新性。

二、理论创新

将"城乡社会空间矛盾—城乡社会空间权力逻辑和资本逻辑—城乡社会空间重构"三者结合起来,形成良性互动格局,这一理论思考建立在空间生产和"社会-空间"辩证法的理论基础上,以制度建设来推进城乡社会空间重构,并推动城乡社会结构的重大变革,以社会结构的变革推进内生型发展模式的建立。因此,"社会空间矛盾—制度改革—社会空间重构"三者结合起来是本书最重要的理论创新。另外,探索苏锡常城镇化和城乡社会空间重构的哲学基础,即功利主义空间观、人文主义空间观相互作用所形成的均衡空间观,是推动传统城镇化由失衡空间向均衡空间转型的哲学基础。

三、研究内容创新

从研究内容上看,本书第 6 章从城乡二元结构着手,通过探讨苏州农村土地"三大置换""三大合作"和"三大集中"制度改革,积分入户的户籍制度改革,以及城乡养老保险、医疗报销和低保"三大并轨"的社会制度改革,对苏州城乡一体化进行了全面的分析,并通过分析苏州城乡社会空间实体生产、城乡社会关系生产、城乡资本循环等方面进行城乡一体化空间和城乡创新空间的重构,提出苏州城乡空间生产必须关注低收入人群的城市权利。

本书第 7 章从城市二元结构着手,通过逻辑模型实证研究了苏锡常流动人口的市民化意愿和市民化能力,提出尊重流动人口市民化意愿,提高流动人口市民化能力,保障流动人口住房需求,保护城市边缘人群的教育、医疗和社会发展权利。

从研究内容上看,苏锡常地区作为全国流动人口最集中的区域之一,有很强的代表性,对我国其他地区城乡社会空间重构有一定的借鉴意义。

四、方法创新

运用经济学、哲学、社会学等跨学科和综合研究方法,全面深入揭示苏锡常城乡社会空间的矛盾体现、内在逻辑及重构过程。城乡社会空间、城镇化和城乡一体化必须运用跨学科才能揭示出其内在的规律性,因此本书研究方法有一定程度的创新。

2 空间生产与城乡关系研究进展

2.1 国外研究进展

2.1.1 空间生产研究进展

空间生产理论最早是由列斐伏尔(Henri Lefebvre)在其名著《空间的生产》一书中提出来的,1991年该书英译本的发行逐渐在全球引起了空间生产理论研究的热潮,其核心是"(社会的)空间是社会的(产物)"[1]。大卫·哈维(David Harvey)运用和发展了空间生产理论内涵,从全球化空间生产、自然的空间生产和城市空间生产几个维度丰富了空间生产理论[2];列斐伏尔的学生爱德华·苏贾(Edward W. Soja)则从权力意识对空间生产的影响方面进一步发展了空间生产理论,并提出"第三空间"的建构与解释[3];卡斯特(Castells M.)从集体消费角度分析了城市空间生产的内涵[4];尤恩(Unwin T.)从语言与意义、空间与时间的分离、生产与建设的过程、权力与价值、空间与场所五个交叉主题分析了列斐伏尔空间的社会生产概念的批判框架[5]。

Wilson(2013)认为列斐伏尔最大的贡献是对"抽象空间"的解释;Bryant(2007)认为空间生产理论并非是一种严格的研究方法,只是一种理论的探索。

---

① Henri Lefebvre. The Production of Space[M]. Oxford;Cambridge, Mass:Blackwell,1991:26 – 27.

② David Harvey. Social Justice and the City[M]. Georgia:University of Georgia Press,1973:22 – 44.

③ Edward W. Soja. The Socio-Spatial Dialectic[J]. Annals of the Association of American Geographers, 1980(70):126 – 142.

④ Castells M. The Urban Question[M]. Translated by Alan Sheridan. Cambridge, Mass:The MIT Press (Original work published 1972,1976),1977:113 – 234.

⑤ Unwin T. A Waste of Space? Towards a Critique of the Social Production of Space[J]. Transactions of the Institute of British Geographers,2000,25(1):11 – 29.

西方的人文地理学者在列斐伏尔、哈维和苏贾的影响下,提出空间生产的创新观点,史密斯(1979)用内城绅士化理论解释城市发展的不平衡;Gregor(1994)则从地方(place)、空间等方面丰富和发展了城市社会理论;同时,Doreen Massey 也加大了对"地方"的研究,进一步拓展了空间生产理论。

西方学者也利用列斐伏尔的空间生产理论研究城市化问题。戈特迪纳(1985)研究了城市空间的社会生产,提出社会空间模型,研究空间对社会生活、房地产对经济的重要性以及社会因素如种族、阶层、性别、生活方式、经济、文化、政治对大都市地区所起的作用;Olds(1995)研究了环太平洋地区全球化过程,包括国际金融系统的重构与发展、知识产权的全球化、跨国公司的变化、社会关系、世界网络和认知共同体的拓展等,通过这些过程等全球化影响全球新的城市空间生产,这些城市空间被设计成象征 21 世纪的全球城市"乌托邦";Scott(2001)研究了全球城市区域的趋势、理论和政策;Thrift 和 French 从软件对日常生产的影响来研究空间变化的性质,通过软件控制可以产生更好的、更不引人注目的居住环境,软件的崛起可能对空间的影响是一个划时代的事情;Karplus(2014)通过外生-内生空间生产动力机制研究不同社区的空间生产过程;Nasongkhla(1957)以马来西亚新山市为例研究其空间生产过程;此外,还有学者从宏观角度研究城市群的空间生产,从微观角度研究城市广场、公园、酒吧等日常生活的空间生产。

乡村空间生产开始引起西方学者的关注,菲利浦斯(2002)较早受到列斐伏尔的影响,哈尔法克里(2007)提出了乡村空间生产模型,费雷斯沃(2012)则在福柯的影响下提出斐雷斯权力交织模型。

2.1.2　城乡关系研究进展

国外学者在城乡方面的研究包括城乡差别、城市生活质量、城镇化等方面。

城乡差别不仅仅体现在经济方面,同时也体现在社会环境、生活成本、教育水平、社会福利等方面。Robert B. Potter 和 Tim Unwin(1995)认为在第三世界国家,随着城市化的发展、特大都市的建立,城乡互动越来越重要。但资本与城市扩张有千丝万缕的联系,资本的介入造成了城乡之间更加紧张的关系,如何合理利用和限制资本在城镇化过程的作用,对于农村减贫和缩小城乡差距非常重要。Barney Cohen(2004)认为由于地理位置、发展水平、国家大小的不同,各国的城镇化和农村人口向城镇转移的过程和结果也不尽相同。Mihaela Roberta Stanef(2012)等学者认为终身学习是缩小城乡差距的有效方法,必须建立立法、管理、金融、体制、信息等方面的框架和监管以及促进城乡居民结构化学习,提高其自身素质,缩小城乡差距。Hayashi Takashi(2015)认为 GDP 不是衡量城乡发展差距的唯一指标,许多非经济指标,比如农村生活环境、较低的生活成本和平等的收入分配无法在 GDP 指标中得到体现,因此真实发展指数(Genuine Progress Indicator,简称 GPI)可以从收入、环境、福利、教育、生活成本以及交通等指标着手,更加准确地衡量城乡差别。到 2030 年,中低收入国家至少有 60%的人口居住在城市,未来 30 年对这些国家而言,城镇化将是一个巨大的挑战。

　　国外学者也非常关注城市生活质量研究(Quality of Life,简称 QOL)。许多学者主要采用就业数据、发病率、死亡率、犯罪率等方面数据反映城市生活质量。过去的半个世纪,许多环境设计和社会学方面的科学家认为生活质量的测定既有客观的指标,也有主观的指标(Kahneman, Deniner & Schwartz,1999);Marans 和 Rodgers(1975)采用居住地方指标比如居住条件、邻里关系、居住城镇、居住国家等四个方面的满意度分析居住地点与生活满意度关系;Campbell, Converse 和 Rodgers(1976)利用家庭、健康、地方三个方面的客观属性、感知属性和评价来分析总体生活满意度;Marans 和 Mohai(1991)分析自然游憩资源、人工游憩资源和环境质量与个人幸福、健康和社区质量的关系;Morans(2002)利用地理信息系统(GIS)将社会调查数据、人口普查数据、环境数据、社区数据进行整合分析,得出生活质量指标体系;Richard A. Easterlin(2011)采用 2005—2008 年跨国数据和国内数据进行盖洛普世界民意调查结果显示:在经济发展水平较低的情况下,收入、教育和职业结构的不同是造成城乡差别的主要因素,但经济高度发达以后,城市污染、拥挤等因素使得城市生活质量下降,有部分人群尤其是退休老年人开始转移到乡村,城乡差距缩小,甚至由于环境质量好、生活成本低等因素使得农村生活满意度超过城市生活满意度;Handan Turkoglu(2015)以土耳其的伊斯坦布尔都市区为例,从环境、经济、社会、物质和健康五个方面的指标分析生活质量和可持续发展之间的关系,指出城市发展不仅需要经济方面的发展,更加需要健康、教育、环境等方面的发展。

　　国外学者还重视对有关各国城镇化以及案例的研究。不同地区的学者对不同区域和不同城镇化发展程度的国家进行了深入的解释和探讨。B. C. Moore 等人(1982)讨论了英国的区域经济政策对于制造业城市和农村转移的影响;Daniel Shefer(1987)研究了 1976—1980 年韩国政府对农产品的支持政策的效果,通过对农业即农产品的支持降低农民向城市转移的数量,这对水稻产量有积极和显著的影响,同时,对城镇化率、城市集聚和目标区域的人口规模影响也是积极和显著的;Isabel Maria Madalen 和 Alberto Gurovich(2004)以智利圣地亚哥南部为例,认为城市与乡村是相容的,但随着城市的扩张与发展,城市郊区的居民在生活方式、土地所有权的拥有以及社会地位等方面与城市以及农村有不可调和的矛盾,政府要通过市场导向的增长方式与空间驱动的规划以及制度完善来保护农村包括城郊居民的社会、经济和环境利益,缩小城乡差距;Bertrand Schmitt 和 Mark S. Henry(2000)以法国六个区域的市镇为例,得出城市中心的规模化城市人口以及就业的增长率共同影响农村的人口和就业变化,中等规模的成功男士对农村市镇有非常大的积极影响的结论;Karen Macous 和 Johan F. M. Swinnen(2008)分析了东欧国家和苏联的农村贫困与城市贫困差别,研究表明,农村地区贫困出现越来越恶化的情况,农村地区减贫除了依靠自身大力发展外,必须依靠政府政策,例如转移支付的大力支持,促进农村贫困家庭资产增加,提高农村劳动力就业能力。

对于发展中国家而言,国外学者研究的重点区域是亚洲和非洲。Jon Sigurdson(1991)以人口大国中国和印度进行对比研究,认为中国农村工业化更加强调技能构成以及区域产业结构的发展,而印度更加重视就业;Bhallam(1991)通过对收入、消费、储蓄、工农业产值等方面评价中印城乡差距,认为印度城乡差距小于中国;Hamid Mohtadi(1986、1990)分析了 1956—1976 年伊朗农村推动和城市推动双重影响下的城乡不平衡;Epstein 和 David Jezeph(2001)认为对于亚洲和非洲的发展中国家而言,向大城市移民、加大基础设施投资以及增加农村生活的城市性是解决城乡差距的主要方法,建议在农村和城市之间建立新的增长中心;Nazym Shedenova 和 Aigul Beimisheva(2013)分析了哈萨克斯坦的城乡居民社会和经济地位差别,以传统与市场手段解决城市与农村的社会经济结构问题,农村由传统的生活方式转变为市场与传统结合的混合模式。在许多国家,结构转型伴随特大城市人口集聚,如韩国和菲律宾,而我国台湾地区与泰国农业人口主要转移到小城市和城镇(Christiaensen,2007)。Luc Christiaensen 和 Yasuyuki Todo(2014)利用发展中国家 1980—2004 年面板数据进行分析,认为农村人口转移到二线城镇比转移到特大城市脱贫效果要好,因此发展中国家城市化模式应当大力发展中小城镇。

Alan de Brauw 和 Valerie Mueller(2014)通过对撒南非洲许多国家进行分析,发现自 1990 年以后,农村人口向城市转移率实际较低,主要由于政府对人口转移的政策限制、城乡人口转移的隐形壁垒造成的;Salvador Barrios 等人(2006)通过对撒南非洲国家跨国面板数据分析,认为气候变化尤其是降雨量在撒南非洲国家城市化过程中发挥较大作用,很大程度上是由于在非洲内部有许多国家立法和限制居民的自由流动。对于非洲单个国家的城乡研究,Josef Gugler(1991)研究了尼日利亚的二元结构;Ian Livingstone(1991)讨论了肯尼亚城乡非正式部门在城乡低收入人口就业、收入分配等方面的作用,认为其是正式部门必要的补充,大力发展非正式部门有利于脱贫和缩小城乡差距。

2.2　国内研究进展

2.2.1　空间生产研究进展

国内学界对空间生产的研究始于 1990 年,最初主要是地理学者对马克思主义地理学进行了初步引介,但之后缺乏持续跟进。2000 年以后,马克思主义的空间生产理论获得关注。其中包亚明(2003)的《现代性与空间的生产》一书对空间生产在中国的引进和普及起到很好的作用,许多学者开始重视空间生产理论的研究和应用,其中一方面是对列斐伏尔、哈维、苏贾和卡斯特的空间生产理论的研究,另一方面是对空间生产理论在文学、哲学、城市等方面的应用研究。

(1)对列斐伏尔、哈维、苏贾和卡斯特的空间生产理论的研究

张双利(2003)较早地对列斐伏尔的现代性思想进行了引入;张子凯(2007)对《空间的生产》一书进行了述评。列斐伏尔早期主要进行日常生活批判和研究,因此国内许多学者开始研究列斐伏尔的日常生活理论。刘怀玉(2003、2005)和吴宁(2005、2007、2009)等对列斐伏尔的日常生活批判理论进行了评析;陈玉琛(2017)、孙全胜(2017)和关巍(2018)研究了列斐伏尔的国家空间生产理论;孙全胜(2017)、陈慧平(2017)和赵罗英(2013)等对列斐伏尔的社会空间理论及社会空间辩证法进行了分析;杨有庆(2011)则从城市化与空间生产角度探析了列斐伏尔哲学思想的"空间转向"。

哈维从资本循环、全球空间生产、全球和地方以及空间正义等方面发展了空间生产理论。巨澜(2009)、章仁彪(2010)、李春敏(2012)、张佳(2012)、王雪松(2016)和张一兵(2018)等学者整体上对哈维的空间生产理论进行了全面的梳理和评析;赫曦滢(2011)分析了哈维的全球空间生产的资本逻辑;张佳(2011)对哈维的全球化空间生产理论进行了批判;吴江涛(2018)则从全球资本话语的建构与地方塑性等方面对空间生产理论进行了批判性辨识。哈维的空间生产理论另一重大贡献是空间正义。董慧(2010)、李晓乐(2012)等研究了哈维的生态正义思想;包庆德、刘雨婷(2018)和薛谡(2018)从历史唯物主义角度分析了哈维空间正义思想的生成逻辑。这些学者的研究进一步创新和发展了

空间生产理论。

列斐伏尔的学生苏贾从社会空间辩证法视角对空间生产理论进行了完善。王蒙（2011）、史旭（2012）和唐正东（2016）对苏贾的社会空间辩证法思想进行了解读，并重点研究了"第三空间"的中国化；李娜（2015）和冯忆（2017）研究了苏贾的城市空间思想和空间理论。

对于卡斯特的城市理论研究主要集中于集体消费和流动空间的研究。赫曦滢（2013）分析了卡斯特的城市理论的思想谱系；王志刚（2014）和余婷（2014）分别就卡斯特的马克思城市理论和流动空间理论进行了分析；牛俊伟（2015）则认为卡斯特的《城市问题》一书所进行的研究是马克思主义研究的典范。

总之，国内学者对于空间生产理论领域的主要代表人物已经或正在进行全面的引进、分析、批判和吸收。

（2）文学与空间生产研究

华全江、寇国庆（2007）以张爱玲的小说《封锁》为例，解读了空间生产理论；谢纳（2008）研究了空间理论视域下的文学空间，在文学中运用表现、再现、想象、隐喻、象征等表征方式揭示文学空间生产与社会空间生产的关系；张武进（2009）从电影、何同彬（2010）从诗歌、朗静（2013）从小说、蒋格（2016）从纪录片等不同文学形态研究了文学的空间生产及其表征。

（3）哲学与空间生产研究

任平（2006）从资本生产的空间化角度分析了马克思主义出场语境"一体（时代反思）两翼（文本重读与对话）"；庄友刚（2013、2018）从空间生产与物质生产、生产方式及资本批判三个方面研究历史唯物主义视野中的空间生产的原则与思路，梳理和建构了马克思主义城市观的理论体系，完善了新时代马克思主义城市哲学；陈立新（2013）从"空间转向"到"空间的本体论"阐释了空间生产；王贵楼（2014）从法国、美国当代马克思主义者列斐伏尔和哈维角度分析了西方当代马克思的空间转向与价值发掘；刘怀玉（2018）从历史空间辩证法视角提出了中国道路自信的依据以及为人类命运共同体打造了社会主义可能的文明发展空间；孙全胜（2018）从空间伦理的条件、诉求和建构路径方面进行了研究，认为新型空间生产伦理必须关注人的空间生存困境，建构需要遵循道德哲学原则，立足于多样化的空间形态。

（4）城乡空间生产研究

空间生产理论在城乡空间生产方面的研究从城市空间生产、乡村空间生产和城乡空间生产三个维度展开。

第一个维度是对城市空间生产的研究。一些学者从理论上进行了概述（魏开，2009；高峰，2007；景晓芬，2011；叶超，2011；王素萍，2013），魏开、许学强（2009）对新马克思主义的城市空间生产进行了批判；庄友刚（2012）认为中国城镇化必须从技术建构走向社会建构；范建红（2018）从资本循环理论为切入点，分析了中国城乡发展与资本的逻辑关系；赵杰（2012）通过分析1978年以来中国城镇化与"生产政治"的演化路径，发现权力、资本和土地不同的互动方式构成不同的政治样态，形成制约政治样态的压缩和叠加机制；何鹤鸣（2012）从空间生产视角研究了资本与城镇化相互作用下的城市转型逻辑；朱江丽（2013）从全球空间生产视角研究了中国城镇化道路；武廷海（2017）研究了1979—2009年中国新城的空间生产；陈建华（2018）、韩婷（2018）和许永成（2018）分别从空间正义、空间扩展、城市更新角度研究了中国城市空间生产。

许多国内学者对中国城市空间生产进行了案例研究。吴细玲（2017）对厦门市、周婕（2018）对武汉市的城市空间生产进行了分析；其他学者将研究区域更加细化，如张晓虹（2011）对上海近代江湾五角场地区、叶丹（2015）对宁波市孔浦街区、荆锐等（2016）对上海浦东新区、魏敏莹（2018）对广州城市涂鸦空间、刘正坤（2017）对城市休闲空间的空间生产过程、机理进行了比较全面的研究，为将空间生产理论应用于中国城市化过程做出了贡献。

第二个维度是对乡村空间生产的研究。王勇（2012）研究了苏南乡村空间转型；郭凌（2014）和王丹（2016）分别研究了乡村旅游与文化空间生产、古村落文化景观的空间生产过程和机制。案例方面的研究，高慧智（2014）对江苏高淳国际慢城大山村、周尚意（2018）对广州市乡村、刘林（2018）对铜川市村庄、范颖（2017）对四川宜宾乡村、方远平（2018）对广州小洲村、许璐（2018）对浙江德清县乡村空间转型和空间消费以及空间生产等方面进行了研究，提出了乡村空间重构的措施。

第三个维度是对城乡空间生产方面的研究。杨宇振（2011）提出了时空压缩背景下的中国城乡空间极限生产；庄友刚（2013）基于空间生产视角提出城乡一体化发展的现实反思；董萍（2016）则从新型城镇化方面提出城乡社会空间构建措施；漆文娟（2017）、龚天平（2017）从马克思主义社会空间视角、资本空间化角度研究了中国城乡空间关系重构；阮梦乔（2015）研究了空间生产视角下城乡风景名胜区空间发展特征与机制。

（5）苏南城乡社会空间研究

苏南作为长三角经济最发达地区之一，城乡空间变化激烈。学者主要围绕南京和苏州研究苏南城市社会空间结构及其变迁。

关于南京城市社会结构的研究,徐昀、朱喜钢(2008、2009)用因子分析手段分析南京近代社会空间结构变化的"矛盾性",认为"首都计划"是近代南京社会结构变迁的驱动力,并利用第五次人口普查资料分析南京城市社会的主因子以及南京城市社会空间结构的"三圈层"模式;汪毅(2016)采用历时态研究方法研究1949—1998年南京城市社会空间演变特征,揭示其演变的动力机制;宋伟轩、吴启焰(2010)认为新时期(1998—2010年)南京城市社会空间结构呈现新圈层结构,封闭社区导致城市社会空间碎片化与公共空间私有化,现代化社区组织模式和生活方式转变造成社区邻里关系淡漠;何淼(2012)认为城市居民的"城市权"是每个居民都有进入城市空间生产的权利,空间正义是城市化进程中的永恒话题,从空间生产和空间正义角度研究了南京更新中的空间生产;钱前、甄峰和王波(2013)从宏观、中观与微观三个层面研究南京国际社区社会结构主要受历史文化、教育设施和优惠政策等因素的影响;汪毅、何淼(2016)依据南京外迁安置数据分析南京城市内城区更新,中产阶层对城市中心"入侵"和低收入及弱势群体"迁居"城市边缘;宋伟轩、毛宁(2017)认为社区的服务档次、学区、环境、景观稀缺性等因素是影响南京房价的主要因素,房价分异与居住分异在空间上呈现耦合特征。

关于苏州城市社会空间结构的研究,学者从不同维度进行了分析。崔晗(2007)以苏州市吴江区为例,分析吴江空间分异现状、动力机制,构建吴江小城镇的空间优化模式;姚晓光(2010)从宏观、中观和微观三个层面阐述了苏州城市边缘区发展模式与策略,宏观上提出有序铺展、簇团化、网络化、活化的空间发展模式,中观上从"功能-空间""社会-空间""时间-空间"提出不同的发展模式,微观上提出商品住宅区的"内涵"提升和配套型居住区的"融入"优化策略;曹灿明、段进军(2015、2018)基于第六次人口普查资料分析了苏州城市社会差异以及长三角新一线城市社会空间结构、空间差异及社会空间结构形成受到外向型经济、土地与户籍制度、城市规划与行政区划等因素的影响;李倩倩(2016)从优化产业结构和布局、构建网络化城乡空间格局、分类指导促进不同等级城乡聚落内部空间优化等方面分析苏州城乡空间转型;何江夏(2017)研究绅士化视角下苏州古城传统街区空间优化,与南京古城区不同,苏州古城区"沦陷"为外来低收入人群和老年弱势群体的聚居地。

关于苏南空间结构的研究,郭广东(2007)认为分权制改革、海外直接投资以及城市建设组织方式改革是推动苏南快速城市化中主要的市场推动力;陈晓华(2008)认为城乡空间融合是苏南城乡融合发展的基本路径,通过重组都市圈空间、整合城镇空间、整治村庄生产和生活空间促进城乡融合;倪方钰(2014)以苏南5市为例,认为均衡化多中心、集约化空间结构是苏锡常城镇化的发展趋势,创新集群是苏南产业空间转型动力,构建关联空间是苏锡常空间转型的本质要求。

2.2.2 城乡关系研究进展

我国城乡关系理论的研究和应用大致经历了五个阶段:一是城乡一体化萌芽阶段;二是城乡一体化探索阶段;三是城乡边缘区研究阶段;四是城乡一体化理论完善阶段;五是新型城镇化阶段。

（1）城乡一体化萌芽阶段

此阶段从新中国建立到改革开放之前,1956年4月毛泽东指出,中国工业化过程中,必须协调农工轻重的关系,重视农业、轻工业,才能最终发展重工业,从中可以隐约看出当时中国政府对城乡关系的态度是城乡统一。1958年实行"户籍登记制度"以后,城乡矛盾逐渐形成。

（2）城乡一体化探索阶段

城乡一体化在20世纪80年代中后期开始引起国内学者的关注。部分学者认为城乡一体化可以缩小直至消灭城乡之间的基本差别,从而使城市和乡村融为一体(张雨林,1988;戴式祖,1988)。孙自铎(1989)、骆子程(1988)和伍新檠(1988)等对城乡一体化的内涵进行了全面的分析,认为城乡一体化要体现城乡经济、环境和生态的统一协调发展。

（3）城市边缘区研究阶段

20世纪90年代初期,学者开始对城市边缘区进行研究。费孝通(1990)在《城乡和边区发展的思考》一书中提出的农村经济发展的战略应该因地制宜、以多种模式缩小差距、减少贫困的观点;范磊(1998)提出城市边缘区概念,从结构、形态、动力转换上进行了分析;周一星(1998)以北京、上海、沈阳、大连为例,初步概括了当前我国大城市郊区化的一些特征包括郊区化开始的时间、强度、机制、中西方的异同和利弊;柴彦威(1995)介绍了郊区化的概念、特点,在分析美日郊区化过程、特点的基础上,对人口居住郊区化、工业郊区化、商业郊区化和生活空间郊区化进行了分析;石忆邵(1997)对西方发达国家城市郊区化浪潮与成因机制、郊区化的若干定量方法及人口郊区化和就业郊区化之间的因果关系等研究进行了综合评述。

（4）城乡一体化理论完善阶段

20世纪90年代中期到2013年召开的十八届三中全会是城乡一体化理论完善阶段。周叔莲等人(1996)在《中国城乡经济及社会协调发展研究》一书中提出了促进城乡协调发展的对策措施;陈吉元、韩俊(1995)认为可以通过大力发展乡镇企业,保障农民工就业,促进城乡一体发展;王积业、王建(1996)等学者提出运用政府力量创造出城乡经济双层目标来解决城乡二元结构问题;战金艳、鲁奇(2003)提出城乡关联理论对于促进城乡协调发展有重要的意义;张平军(2006)从经济学的角度对中央提出统筹城乡发展的科学内涵、机制创新及其统筹城乡发展的原则、任务、对策进行了系统性综合研究;许经勇(2006)认为必须把城乡生产、流通、消费、文化、居民点分布、社会等方面联系起来形成一种新型的结构系统;陈明星(2011)认为城乡互动与协调发展是健康城市化的关键环节,城乡互动与协调发展是当前健康城市化的关键环节;居占杰(2011)提出包括建立城乡一体化制度、统筹城乡规划和经济发展、推进城镇化加快农民转市民进程和建立城乡统一的公共服务体系的城乡发展思路。

(5)新型城镇化阶段

中国共产党十八大提出"新型城镇化"的概念,学者在新型城镇化理论与实践方面进行了深入的研究。

张鸿雁(2013)提出新型城镇化的理论体系、顶层设计与创新;单卓然、黄亚平(2013)认为新型城镇化内涵包括民生的城镇化、可持续发展的城镇化和高质量的城镇化;杨新华(2015)认为新型城镇化的本质包括人的自然本质、人的异化及人的全面发展三个层次;王新越、秦素贞和吴宁宁(2014)建立人口、经济、空间、社会、生态环境、生活方式、创新与研发这八个子系统的新型城镇化的评价体系,认为中西部地区需要从经济城镇化、生活方式城镇化和社会城镇化、城乡一体化、创新与研发五个子系统入手加快城镇化步伐;倪鹏飞(2013)认为新型城镇化应该以"内涵增长"为发展模式,以人口城镇化为核心内容,走可持续发展之路,建设城乡一体的城市中国。

部分学者提出新型城镇化的对策建议。中国金融40人论坛课题组(2013)提出建设用地按土地当量在全国范围内占补平衡,增加土地储备,扩大农业开放,建立合理的地方事权财权体系,发挥金融市场作用,统筹考虑对失地农民的社会保障及公共服务;李婉、孙斌栋(2015)分析农村居民城市偏好呈"哑铃型",大部分倾向小城市,其后是大城市,中等城市吸引力最低,提出加快发展小城市,做大城市规模,完善城市功能;谢呈阳、胡汉辉、周海波(2016)认为新型城镇化背景下的"产城融合"应该是"产""人""城"三者融合,"产""城"的协同互促是以人为连接点,通过产品及要素市场的价格调节和因果循环机制实现。

许多学者开展各个区域的城镇化研究及测度,包括安徽(贾兴梅,2016)、河北(张丽琴,2013)、重庆(张引,2015)、河南(张占仓,2013)、湖北(张开华,

2014)和吉林(尹鹏,2015)的城镇化研究。吴福象、沈浩平(2013)通过对长三角16个城市实证分析,认为在新型城镇化和城市群体系构造中,发挥基础设施的空间"溢出效应"有助于地区产业升级;张占斌、黄锟(2014)对我国35个直辖市、副省级城市和省会城市的新型城镇化健康状况进行了评价,认为整体水平不高,城市间差异不大,不同行政级别城市城镇化分布不均衡;于燕(2015)基于省级面板数据,认为地方财政支出及工业发展水平对城镇化有显著促进作用。

土地制度对城镇化影响很大。薛翠翠、冯广京、张冰松(2013)认为城镇化主要依赖土地财政;田莉、姚之浩、郭旭(2015)等以上海、深圳、广州为例,分析三地在土地再开发中存在的问题,对土地再开发的趋势和城乡规划提出对策;中国金融40人论坛课题组(2013)认为土地制度改革与新型城镇化关系密切,提出扩大土地供给、改革建设用地供地方式、允许地方政府发行市政债券、征收房地产税、保护失地农民权益等政策建议。

农民工作为新型城镇化中主要力量受到学者重视。孙中伟(2015)认为"大城市优先"的新型城镇化道路更能够得到农民工的响应与支持;李迎生、袁小平(2013)提出社会保障制度改革和创新对推进农民工的市民化与新型城镇化具有重要意义;张许颖、黄匡时(2014)提出以人为核心的城镇化包括人口素质的改善与提高,健康、绿色、可持续文明的生活方式的养成,基本公共服务体系的全覆盖,稳定的就业和体面的居住;张文明(2014)认为新型城镇化应该对"人本"尊重,回归"城乡关系是人的关系"的"市民化"事实本质。

2.3 文献评述

国外学者的空间生产理论研究首先起始于列斐伏尔的空间三元辩证法,哈维、苏贾继承和完善了空间生产理论,并提出"第三空间"概念,超越了传统二元空间辩证法,其他学者在"绅士化""地方"等方面进一步完善了空间生产理论。空间生产理论应用于城市和乡村的案例研究,主要是将城市空间生产和乡村空间生产割裂开来研究,缺乏对城乡社会空间生产的结合研究。

国内空间生产理论研究集中于文学、哲学、马克思主义地理学、城市社会学方面的研究,从最开始的对列斐伏尔、哈维、苏贾、卡斯特等空间生产理论主要代表人物的理论研究逐渐过渡到对空间生产的实践研究,尤其是中国城市面临转型,资本化、权力化影响中国城乡空间结构,因此学者分别在城市空间生产、乡村空间生产以及城乡空间生产三个维度进行了关注和研究,绝大部分文献集中于城镇化和城市空间的研究,在乡村空间生产、城乡空间生产方面虽然有一些研究,但是还有许多区域处于研究的空白地带,比如长三角城乡社会空间结构的案例和实证研究比较缺乏。

国外城乡关系研究侧重于城乡生活质量研究、城乡差别因素分析、农村地区脱贫研究、农村人口向城市转移研究,研究区域包括欧美发达国家、非洲以及亚洲大部分地区,由于发达国家城乡差别较小,因而研究更加侧重转型国家和发展中国家,比如苏联及东欧各国、非洲尤其是撒南非洲国家、亚洲的中国和印度等,研究方法有定量和定性研究,社会调查方法与经济学方法结合,研究视角基本是从社会学以及经济学角度研究城乡关系,很少从空间生产角度分析城乡社会空间结构差异。

国内城乡关系研究从城乡矛盾、城乡边缘区、城乡统筹、城乡一体化和新型城镇化不同阶段进行分析,研究方法既有定性方法也有定量的经济学模型,研究视角既有宏观层面,围绕社会热点就统筹城乡经济社会发展展开应对性和政策式讨论,也有区域的实证研究,这些研究主要针对城乡物质空间的矛盾、城乡物质空间一体化,对于城乡社会空间的文献不多见。苏锡常作为传统"苏南模式"的发源地、"新苏南模式"的践行者以及新型城镇化的国家试点区域,理应受到研究的重视。因此,基于空间生产视角研究苏锡常城乡社会空间重构具有很大的实践价值。

3 相关理论研究

3.1 空间认识论

3.1.1 空间认识

对于空间的认识,中国古人在探索自然的历史长河中形成了独特的空间观念,关于空间的抽象概念,古人有许多不同的说法。《淮南子·齐俗训》中曰:"往古来今谓之宙,四方上下谓之宇。"即从古到今时间方面为宙,东南西北上下六个方位为宇,解释了空间是三维的概念。《庄子·庚桑楚》中云:"有实而无乎处者,宇也。"表明了空间的无限性,空间是一个客观存在,无穷无尽,本身不能被其他包含。《墨经·经上》曰:"宇,弥异所也。"即空间包含一切有差异的事物。《墨经·经说》中云:"宇,东西家南北。""家"为参照物,东西南北为方位,说明空间的相对性。[①] 老子的《道德经》十一章有文字曰:"三十辐共一毂,当其无,有车之用;埏埴以为器,当其无,有器之用;凿户牖以为室,当其无,有室之用。故有之以为利,无之以为用。"一车、一器、一室就是老子所说的空间,可见在中国传统经验中,"空间"不是任意的、抽象的空间,而是由人通过他的器物所指明的空间,即"人化"的空间。这是空间的具体体现形式。

作为一个多维度的概念,在不同学科和不同场合,空间有不同的内涵。有的学者认为空间是一种容器;有的学者将空间看作一种社会关系,是一种社会过程的产物;有的学者认为空间是一种批判态度;有的学者认为空间是一种语

---

① 李志超. 天人古义——中国科学史论纲[M]. 郑州:河南教育出版社,1995:241-247.

境。[①] 空间概念在西方哲学体系中是一个重要主题。以下是西方主要有影响力的哲学家的空间概念(表3-1)。

表3-1 西方哲学家的空间概念

哲学家	空间概念
柏拉图	空间是一种容器,它包含或接受(基本上是数学的)物质活动,以及通过提供某活动在其中发生的结构和界限,来限制该活动。
亚里士多德	空间的主要意义必须在位置概念中寻求,空间是一件事物(或一个形体的边界)的绝对位置(在宇宙空间的位置)。事物趋向于寻求其在宇宙内的自然位置。若不在自然位置,便会引发运动。
原子论者	空间存在于诸原子之间,是源自在其间运动的虚空(纯粹空的空间),如果没有这种纯粹空的空间,就没有任何运动是可能的。宇宙万物由原子和空的空间组成。
笛卡尔	空间和物质实体是一回事。任何占有空间的东西都是广延的,而广延就是空间。空间是物质事物占据的容积。根本不存在什么虚空或空的空间。
莱布尼兹	空间有两个方面:客观或本体论的空间、主观或认识论(心理学)的空间。在这两个方面,外部空间都不是实在的,只有单子(monads)是实在的: ① 空间是单子内在特性之间的关系; ② 空间是使许多不同知觉聚合在一起的东西(或者是聚合的意义); ③ 空间和时间不是绝对的,不是像实存一样独立实在的,而是实在的实存(单子)借以与实务的共在发生联系的秩序(关系); ④ 时间是相对于事物的共同延续空间,是心灵从个别的偶然经验(不是清楚地知觉到的)抽象出来的关系系统。在这个意义上,空间和时间是表达基于经验的关系的逻辑产物,而不是实体或者实在的实存。

---

① 李志明.空间、权力与反抗——城中村违法建设的空间政治解析[M].南京:东南大学出版社,2009:25 - 26.

续表

哲学家	空间概念
康德	空间和物质并非同一回事,也不是容器、虚空、绝对、外界真实的对象关系。心灵通过空间直观,透过把空间概念主观地投射到纯粹经验上,来组织和安排纯粹的(无空间性的)经验。 ① 我们不能通过抽象作用从经验中得出我们的空间和时间概念; ② 我们不能从有关连续、同时性、同时发生、共在、接近等经验中得出我们的空间和时间概念; ③ 空间和时间是先验直观,它们是纯粹的、直观的、非概念的概念; ④ 空间和时间知识是清楚、直接且直观地具有的,不是用概念建构或提供的,所有的经验都预设了这种直观,并且依赖它,把它作为形式; ⑤ 空间和时间在本质上是先于经验的,而不是经验的结果; ⑥ 空间和时间是纯粹的直观; ⑦ 空间和时间是经验的形式,而非经验的内容; ⑧ 空间和时间在其被体验和被认知的活动中构建经验(感性); ⑨ 空间和时间适用于我们通过经验(感性)而认知的任何东西; ⑩ 时间适用于我们作为一种内在的意识之流而体验到的任何东西(而非意识是一种流,否则就不能够是意识,那么时间就永远是意识的一个方面)。
牛顿	① 运动能参照这种绝对和不变的空间(和时间)框架而予以解释; ② 无须把运动归属于别的运动; ③ 三维空间和实在空间是内在的、本质的和必然的属性; ④ 空间可以由时间区分; ⑤ 关于空间的这些真理是偶然真理。

资料来源:李志明. 空间权力与反抗城中村违法建设的空间政治解析[M]. 南京:东南大学出版社,2009:26 – 27.

对于空间本质概念的争论主要有三种观点,正如大卫·哈维 1973 年在《社会公正与城市》(*Social Justice and the City*)一书中所论述的:① 绝对的空间(absolute space)。如果我们认为空间是绝对的,它就成为一个"物自体"(thing in itself),独立于物质之外而存在,于是空间就拥有了一种结构,我们可以将其用来对现象分类、归位或者赋予它们个性。② 相对的空间(relative space)。空间应理解为物体之间的关系,空间存在只是因为物体存在且彼此相互联系。③ 关系的空间(relational space)。认为空间包含在物体之中,即一个物体只有在它自身之中包含且呈现了与其他物体的关系时,这个物体才存在。

3.1.2　空间作用的认识论:从第一空间到第三空间

空间的作用就是社会关系建构所起的作用,即"空间"与"社会"的辩证关系作用。在我国传统城镇化过程以及经济发展研究中,传统消极被动的空间观(passive space)一直占主导地位,20世纪80年代以来,西方学界对于空间的认识已经从传统的被动的空间观(passive space)转向能动的空间观(active space)。

英国著名人文地理学者史密斯在《社会—空间》一文中,详尽论述了三种对社会与空间关系的认识。三种对社会—空间的认识经历三个阶段:一是从社会到空间(from society to space);二是社会的空间建构(the spatial construction of society);三是第三空间(the third space)(表3-2)。

表3-2 三种探寻空间与社会联系的方式

从社会到空间	社会的空间建构	第三空间
空间具有科学与几何特性,充满了社会因素的积累,提供一种对复杂"真实"世界的准确的简单再现。	空间既具有物质现实,又有象征意义,并且能体现自身的生活。空间模式既表现又塑造了社会关系。	是受到种族歧视、父权主义、资本主义、殖民主义以及其他压迫而边缘化的人的空间,并将其作为发言位置。
具体可量化和可描绘的地理学。	可以协商和斗争的地理学。	为某种目的而设立的地理学,被挪作他用、重新定义或作为策略性位置的占用。
空间模式是社会和政治过程中的指针与结果的解释架构。	空间模式是活跃社会-经济过程并与之互动的解释架构。	这里是存在而非解释——取向在于解放而不是预测与解释。
社会类别与社会认同既定,群体间的社会距离表现为空间分异,社会互动表现为空间整合。	社会类别与社会认同通过具有空间差异的物质实践(市场、制度、资源分配系统)和文化政治(控制思想的斗争)建构。	那些被强加的社会类别起来反抗,边缘空间为他们提供一个位置,此处可建立开放与认同,强调共同性并且容忍差异。

资料来源:Susan J. Smith. Society—Space[A]//Paul Cloke, Philip Crang and Mark Goodvin. Introducting Human Geographies[C]. London:Hodder Education, 2010:21.

(1)第一空间(the first space):作为社会投影的空间

这种空间观认为空间只是社会的一种量度、指针和结果,是一种独立于社会之外的东西。比如人口分布的生态学分析,高收入人口集聚于豪华的设施完善的小区;低收入人群居住于自然环境与社会环境差的区域;白领集聚于这两个群体之间。该观点普遍认为,西方白人家庭与黑人家庭相比,公共服务设施更加齐备。这种人群空间上的分布差异与人种、收入、职业和社会阶层有关。

这种社会与空间分离的空间观源自笛卡儿及康德的二元论(dualism)。二元论认为整个世界由物质和意识构成,两者相互独立,并不互为前提。从城市研究的脉络来看,被动的空间观源自齐美尔的空间社会学(spatial sociology)思想。齐美尔认为空间是社会形式得以成立的条件,但不是事物的特殊本质,也不是事物的生产要素。不同的人群、不同的动机集结在一个区域内,但发生的种种事件都会受到空间条件的制约。齐美尔认为,空间只是社会映射的形式,并不具备社会意义上的重要性。

齐美尔的学生帕克作为城市社会学的奠基人,是芝加哥学派重要代表人物之一。他将城市看成是一个生物来进行研究。利用区位、位置和流动性作为测量社会现象的指标,利用空间解决了社会生活中的现实问题。不过,他只是简单描述了城市社区社会与空间的关系,脱离了社区人群的社会生活和社会发展深层次问题,因而受到空间生产城市社会学派的猛烈批判。

随着计量革命的兴起,人文地理学从传统的区域差异分析转向空间分析,试图通过空间计量解释社会发展规律并预测社会的发展。空间计量通过考察人类影响的变量(空间距离)以及本地的要素如何影响空间结构,从而发现人类的行为模式与社会的空间组织。这种空间计量方法将现实中的空间与社会简化成空间模型的坐标和点,空间与社会的关系变成一个简单的数学模型,空间科学变成了几何科学。

1970 年年初,空间科学已经被一些学者批判为"空间分离主义",因为现实世界的三个维度——空间、时间和物质不能分离,人文地理学仅仅涉及事实的几何学性质,只能提供对事实的不完全解释。

空间科学只是从表面上解释了社会现象,忽略了社会分类内在深层的政治经济逻辑与机制,没能解释蕴含于社会中的复杂的秩序。从认识论上看,用传统的空间科学解释城市社会空间现象毫无疑问是失败的。

(2) 第二空间(the second space):社会的空间建构(能动的空间)

第二空间观认为,空间和社会并不是简单的线性投影关系,而是一种相互建构的关系。空间具有政治性和意识形态性,它是世界上充溢着各种意识形态的产物。我们在创造和改变城市空间的同时,又被我们所居住和工作的空间所约束与控制。迪尔和韦尔奇在《领域如何塑造社会生活》一书中,从三个层面揭示了社会-空间辩证法的能动作用。

① 空间构成社会关系。空间具有一种构成作用,比如,物质环境对居住形态和模式的影响,场地条件与情境因素(如港口、军事设施、自然地形地貌)对人类生产和生活布局的影响。

② 社会关系受到空间的制约。空间具有一种制约作用,特定的空间条件会制约社会关系的发展,比如废弃的物质环境所产生的惯性使其无法再获得发展

更新的机会与资源;某些物质环境会促进或阻碍人类活动的程度,如发生自然灾害时,社会关系受到社会环境的极大制约。

③ 社会关系是空间的媒介。空间具有一种媒介作用,通过空间这个媒介,社会关系才得以建构。比如距离摩擦的普遍作用促进日常生活在内的各种社会实践的发展,同时也促进了那些在空间上互相孤立的社区形成共同的信仰体系。通过空间的媒介作用,领域性和次文化等社会现象才能得以形成。

(3) 第三空间(the third space):作为反抗和解放的空间(行动的空间)

第三空间强调边界、边缘、界线和其他边际空间,强调空间差异和空间权利,实践中能够激发边缘空间的潜能(表3-3)。第三空间也存在一定的局限,学术研究关注边缘者的"他者(others)"体验,却把占有特权的"占有(selves)"视为理所当然。

表3-3　三种探寻社会与空间关系的方式

从社会到空间	社会的空间建构	第三空间
实质的错误: 社会建构的类别被描述为"真实的"、固定的与相互排斥的。	实质的局限: 社会类别被描述为社会(与政治)的建构,但研究还是继续强调二元区分,例如白人与黑人、男性与女性、健康与疾病。	实质的异议: 世界会像第三空间概念所指出那么有弹性,并且向着定义与重新定义自身的人群开放吗?
方法论的错误: 空间模式被视为独立于社会过程(空间被设定为社会的量度,但是只有两者彼此分离才能成立)。有些社会关系无法置于这种空间架构里研究(最明显的就是性别差异的社会关系)。	方法论的局限: 空间组织涉及社会分工的建构,但是为了探究这点,研究者被迫利用他们想挑战其效能的概念(如种族概念)或架构(异性恋的假设)来工作。	方法论的异议: 边界、界线、边缘和其他边际空间成为流行的位置,以此来抵抗旧的社会分类,创造新的认同。在实践中,边缘场所所具有的激进潜能可能也有争议之处。
伦理上的错误: 社会类别被视为理所当然。种族差异的存在,将社会区分为经济上不平等的阶级,以及传统的家庭形式,都被视为分析的起点,而非有待解释过程的产物。	伦理上的局限: 继续针对彼此而界定社会类别(黑人相对于白人,女人相对于男人等)。这是否暗示了特殊的、不均等的权力分配是无法避免的。其他批判包括:依然专注于边缘化的"他者"(如黑人认同),却视优越的自我(如白人特质)为理所当然。	伦理上的异议: 当原本没有权力的人群希望能够利用既有的差异时,否定这些既定差异的效能是不正确的做法。

资料来源:Paul Cloke, Philip Crang & Mark Goodvin. Introducing Human Geographies[M]. London: Hodder Education, 2010:22.

3.2　空间生产理论

3.2.1　空间生产理论的由来

城乡关系是马克思主义研究城市化的逻辑起点。马克思认为,人类社会的进步是生产力和生产关系矛盾左右的结果,城乡对立、城乡分离、城乡差别是生产力发展到一定阶段的产物。马克思曾说:"它(大工业)建立了现代的大工业城市——来代替自然形成的城市,破坏手工业和工业的一切旧阶段,最终战胜了乡村。"[①]列宁提出:城市是经济、政治和人民的精神生活的中心。[②](列宁,1959)恩格斯在《论住宅问题》一文中提出:消灭城乡对立,工业和农业才能在生产力高度发展的情况下相互接近。[③] 传统的马克思主义理论承认城乡分离是社会发展的必然过程,最终随着生产力的发展,走向城乡融合,但是传统马克思主义城乡理论忽视空间的力量,空间在传统马克思主义理论中只是充当生产场所、消费场所和市场区域之类的自然语境。

当代资本主义的资本转移过程十分复杂,与马克思所处的时代完全不同,不再是一个简单的工业资本扩大再生产过程。传统的马克思主义城市理论无法解决城市中心衰败、城市运动和逆城市化等城市危机,因此许多学者在传统马克思主义理论基础上形成新的空间生产理论,产生了空间生产理论学派,代表人物有列斐伏尔、哈维、苏贾等。

3.2.2　列斐伏尔的空间生产理论

列斐伏尔是西方空间生产理论的鼻祖,其哲学思想有浓厚的人本主义精神。列斐伏尔对城市问题的兴趣来自对"日常生活(everyday life)"的批判,早年的列斐伏尔生活在法国的农村,曾经做过出租车司机,每天参与和观察城市的秘密,是城市地图的绘制者。列斐伏尔强调的是日常生活本性的缺失以及异化的四处弥漫而占据支配地位的特征,日常生活虽然并不是一个创造自我实现的活动过程,但它是一个充满奇异冒险色彩的世界,是一个克服或扬弃矛盾的

---

① 马克思恩格斯文集:第1卷[M].北京:人民出版社,2009:566.
② 列宁全集:第19卷[M].北京:人民出版社,1959:264.
③ 恩格斯.论住宅问题[A]//马克思恩格斯全集.北京:人民出版社,1960:543.

过程。日常生活不是一个被抛弃了的空间—时间复合物,不是一个被合理开拓的社会殖民地,而是沉思的对象,成为组织的领域。①

第二次世界大战后,世界经济的变革以及社会环境的剧烈变动引发列斐伏尔对于"空间"尤其是城市空间的思考,他揭露了传统城市规划的意识形态,在精神上是一种理性和空间组织的理论。他认为,已有的城市理论是一种技术统治论,是建立在否定空间的内在政治性的前提下的,完全忽视了城市空间的社会关系、经济结构以及不同团体间的政治对抗。列斐伏尔指出,空间是政治性的,排除了意识形态或政治,空间就不是科学的对象,空间从来就是政治和策略的空间(Lefebvre,1991)。列斐伏尔在《资本主义的生存》及其杰作《空间的生产》(The Production of Space)中开始明确探讨关于空间性和社会再生产这一中心主题。列斐伏尔认为,资本主义凭借对同质化、分离化、等级化的同步倾向来独特地生产和再生产地理的不平衡发展。这种矛盾的空间正是生产关系再生产得以实现的空间。正是这种空间才造就了再生产,其手段是通过向空间引入多样化矛盾,我们必须辩证和有分析地揭示这些矛盾,从而能够看到隐藏于空间论面纱背后的实质。

资本主义的生存就是占有空间,并生产出一种空间。列斐伏尔界定资本主义空间再生产的三个层面:第一是存在于家庭和亲属关系语境中的生物生理的再生产;第二是劳动力和生产资料的再生产;第三是社会关系的再生产。他认为,有社会生产的空间,就具有主导性的生产关系再生产之所在。这些生产关系以一种具体的和人造的空间性形式得到再生产,而这些空间性已被资本主义所"占有",被分裂、同质化为离散的商品,组织为各种控制场所,并扩展到全球性的规模。资本主义通过对空间占有、集体消费、核心区和边缘区区分,将国家的权力强行注入日常生活。②

列斐伏尔从三个层面解释空间的生产问题,即空间生产的三元辩证法。

① 空间的实践(spatial practice)。它包含生产和再生产以及每一种社会形态的特殊场所与空间特性。在社会空间和社会与空间的每一种关系中,这种结合的连续性和程度在空间的实践中得到了加强,属于感知的(perceived)层面。

② 空间的表征(representations of space)。这与生产关系紧密相连,又与和这些关系所影响的"秩序"紧密联系,因而也就与知识、符号、代码和"前沿的"关系有关,属于构想的(conceived)层面。

---

① 张一兵.社会批判理论纪事[M].北京:中央编译出版社,2006:192-198.
② 爱德华·苏贾.后现代地理学——重申批判社会理论中的空间[M].北京:商务印书馆,2007:139-140.

③ 再现的空间(space of representation/representational space)。它具体表达了复杂的、与社会生活隐秘的一面相联系的符号体系,这些有的经过了编码,有的则没有,与艺术紧密联系,属于生活经历的(lived)层面。

空间的实践指空间中的人类行动与感知,包括生产、使用、控制和改造这个空间的行动。空间的表征是概念化的空间,是规划师、建筑师、科学家、技术官僚与社会工程师的空间,属于支配空间(dominate space),包括空间本身以及模型、文字、影像等。再现的空间是透过相关的象征与意象直接生活出来的空间,是使用者(user)的空间,以及艺术家和那些从事描述的作家和哲学家的空间,同时也是消极的空间,是被支配的空间(dominated space)。

同样,对于历史发展的考察也是如此。列斐伏尔将马克思"社会-历史"二维辩证法上升为"社会-历史-空间"三维辩证法,从社会—空间角度分析城市的空间形成以及资本主义的"占有空间-生产空间"的生存秘密。

可以通过图 3-1 来认识列斐伏尔的三元辩证法。

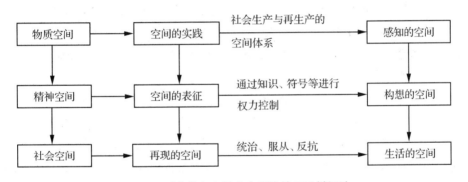

图 3-1　列斐伏尔空间生产理论的三元辩证法

传统的二元辩证法认为空间存在物质空间和精神空间,列斐伏尔创造性地提出三元空间辩证法,即物质空间、精神空间和社会空间的统一。社会空间不是物质空间和精神空间的简单叠加,而是由物质空间和精神空间共同构建,既有物质空间的成分,又有精神空间的追求。其空间生产理论的核心是空间的实践、空间的表征和再现的空间,其中空间的实践是社会生产和再生产及具体场景的空间体系;空间的表征与生产关系及实行的秩序相联系,也与知识、符号、代码相关联,是社会空间秩序的主导权力;再现的空间是居住者空间和生活的空间,"空间的表征"规定"空间的实践",修正"再现的空间"。①

① 赵海月,赫曦滢.列斐伏尔"空间三元辩证法"的辩识与建构[J].吉利大学社会科学学报,2012(2):22－27.

3.2.3　哈维的空间生产与资本循环理论

哈维是第二次世界大战后最具影响力和最具代表性的马克思主义地理学家,在社会科学领域做出了突出贡献。其空间生产理论包括三个维度的空间生产:全球化的空间生产、自然的空间生产和城市的空间生产。

（1）全球化的空间生产

全球化可以视为一个过程、一项条件或者一个特定的政治规划。全球化是一个地理事件,资本的全球拓展造成了全球化空间生产。哈维认为,首先,资本有这样的冲动:加速周转时间,加速资本循环并因此使发展的时间范围革命化。这只有通过长期投资(对人工环境的投资以及对生产、消费、交换、交通等方面基础设施的投资)才能做到。其次,资本主义总有这样的冲动:消除所有的空间障碍,即"通过时间消灭空间",但只有通过一个固定空间的生产才能实现。资本主义在消除空间障碍方面有许多独特之处。第一,降低在空间中运动的成本,尽量少用时间,这一直是科技创新的焦点;第二,建立固定的物质基础设施来促进这项运动并支持生产、交换、分配和消费活动;第三,领土组织的构造,主要是国家对货币、法律和政治进行调节的权力,根据主权的领土意愿对强制和暴力工具进行垄断的权力。①

（2）自然的空间生产

关于自然的观点,一种是赞成对自然进行支配、统治、控制或教化的观点。"统治自然"这个主题的特殊作用启蒙了人类解放和自我实现,解放了物质需求,自我实现要求释放个别人类获得的创造力和想象力,通过生产、消费、艺术、科学,乃至法律来打开个体发展图景。解放(通常是一种集体计划)和自我实现(一般是个人化)常常是一对矛盾的孪生目标。以"保护自然环境"促进"可持续发展"的道德共同体随之成立。这种道德共同体容易成为民族主义的、排他的,甚至在某种情况下成为极端法西斯主义的,就如他们可以是民主的、非中心的和无政府主义的一样。环境政治学致力于向后人传递一种建立在某种环境特性之上的民族感,缺乏环境意象和身份支持的民族主义是一种最靠不住的构型。因而哈维指出:通过政治的、文化的和知识的手段来超越诸如科学知识、组织效率、技术理性、货币和商品交换等中介,同时承认它们的重要性。②

（3）城市的空间生产

城市化是社会发展的产物,资本主义城市化是不平衡时空发展的全球过

---

① 大卫·哈维.希望的空间[M].胡大平,译.南京:南京大学出版社,2006:57 – 58.
② 大卫·哈维.正义、自然和差异地理学[M].胡大平,译.上海:上海人民出版社,2010:225.

程,作为一种生产方式,资本主义必然以打破空间障碍和加速周转时间为目标。城市化浪潮与全球化捆绑在一起,席卷世界的每一个角落。资本积累在城市化网络中的不同地方表现出来的吸引和排斥的特殊辩证法在时空上是不同的,也随所涉及的资本派系而变化。金融(货币)资本、商业资本、工业—制造业资本、财产和土地资本、国际资本以及农业综合企业资本具有不同的需求,由于这些资本的不同需求,造成城市空间生产的对立、冲突和紧张。从社会行动领域定位城市,城市是"城市化"的产物,城市化过程创造出来的空间结构的物质嵌入性,与社会过程的流动性——资本积累的社会再生产——处于对立之中,出现城市的物的内在僵化性。多元性、差异、价值的异质性、对立的生活方式是城市空间生产的主要目标,城市环境的社会生态关系转型必须是一个持续的社会环境变迁过程。"社群"能够一定程度替代公共政治。城市的空间生产要打破原有空间秩序的资本逻辑,建立不失效率的公平的空间生产模式,要考虑社会不同群体的要求,建设"空间正义"的差异的城市空间。

　　哈维认为资本主义资本转移和空间修复不再是一个简单的工业资本的扩大再生产的过程,而是一个包含了三次资本循环在内的体系。这三次资本循环包括(图3-2):

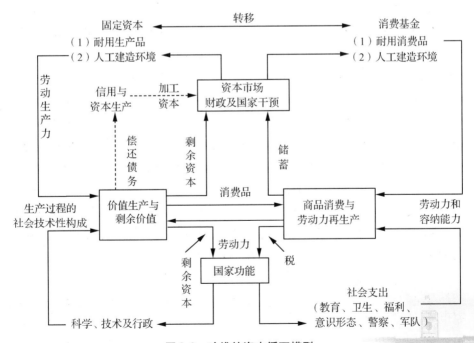

图3-2　哈维的资本循环模型

第一级资本循环(Primary Circuit)是资本投资于工业生产过程,涉及生产领域的流通和商品生产的投资。马克思在《资本论》第二卷中,详细探究了资本循环、资本周转和资本积累的关系,与商业资本、借贷资本不同,产业资本直接产生剩余价值,通过资本循环,完成资本积累,实现价值增值。产业资本的循环运动要经过购买、生产、销售三个阶段,相应地采取货币资本、生产资本、商品资本三种职能形式,实现价值增值并回到原来的出发点。要想使其正常循环,必须保持它们在空间上并存,同时在时间上继起。这种产业资本循环称为第一级资本循环。当资本过度积累导致资本和劳动力闲置,商品大量过剩时,就会出现资本主义经济危机,为了摆脱这种危机,资本开始转向第二循环。

第二级资本循环(Secondary Circuit)是资本投资于建成环境,即资本对土地、建筑物和道路等的投入,涉及剩余价值从各种财产所有权投入中的掺入,即从固定资本投资中的回报,资本主义城市的本质是一个人造环境(artificial/built),是一种包含许多不同元素的复杂混合商品,它包括学校、住房、教育机构、办公楼、公园、道路、港口、工厂、文化娱乐机构、商店、停车场等。城市就是由各种各样的人造环境要素混合构成的一种人文物质景观,是人为建构的"第二自然"。城市化过程就是各种人造环境的生产和创建过程。

哈维指出,资本的第二循环也不可避免地会出现饱和,造成了固定资产和消费基金项目贬值,如住房的贬值,危机形式由资产的贬值扩大到货币的贬值,表现为:大量的工厂和公司倒闭,厂房和办公楼闲置,城市出现衰退。当资本积累在第二循环过程中也达到饱和时,它会进入资本第三循环。

第三级资本循环(Tertiary Circuit)是指在科研和技术以及各种社会消费中主要用于劳动力再生产过程的各项社会开支,其中包含根据资本的需要和标准而直接用于改善劳动力素质的投入:一是通过教育和卫生的投入,增强劳动者的工作能力;二是通过意识形态方式,强化文化软实力的投入;三是通过警察、军队等手段镇压劳工力量的投入。

哈维认为,每一级资本循环都可能出现资本过剩,当资本出现过度积累时解决危机的对策是"时空修复"。包括三个方面的修复:第一,时间修复。通过拖延时间,加大对基础设施、公用设施等长期投资项目和公共产品等支出,推迟资本进入流通领域的时间,客观上延迟资本过度积累危机的爆发。第二,空间修复。过剩资本通过空间地理扩张,逐步开发国外市场,主要是开发发展中国家市场,通过资本、劳动和商品的空间转移,来输出过剩商品,从而获取利润。第三,时间-空间修复,当单纯时间修复和空间修复都不能缓和资本过剩危机时,将通过对外长期投资基础设施和公共服务产品,在时空修复双重力量作用下,全球国家尤其是全球发展中国家都进入全球空间生产,发达国家资本通过时空修复,获取超额利润,推迟危机的发生。

3.2.4　苏贾的社会-空间辩证法理论

社会-空间辩证法(The Socio-Spatial Dialectic)由爱德华·苏贾于1980年提出,但其思想源泉是列斐伏尔的"空间生产理论",哈维提出绝对空间、相对空间和关系空间,发扬了社会-空间辩证法。苏贾在《社会-空间辩证法》一文中指出:空间是一般生产关系的一部分。苏贾认为"空间"(space)指空间本身,而"空间性"(spatiality)指生产出来的空间(produced space),是广义的人文地理学被创造出来的形式与关系。空间是一种语境假定物,而以社会为基础的空间性,是社会组织和市场人造的空间。[①]

苏贾认为社会的构建既是空间的,又是时间的,社会的存在是在地理和历史中才成为具体。[②] 存在的空间性便是存在于某个地方,某个生活世界中的位置。存在必有距离、位置与地方,这就是苏贾重视时间、历史和生命传记的存在本体论中安置空间的主要依据。他积极主张时间、空间、社会存在的三元辩证法,强调在人类社会生活中,历史性、空间性与社会性三者不能偏重(图3-3)。

苏贾的社会空间辩证法包括三大范畴(图3-3),一是空间性;二是时间(历史性);三是社会存在(社会性)。三者辩证统一,一方面空间性与社会性相互作用,社会生活既是空间性的生产者又是空间性的产物,各种社会关系形成空间,又受制于空间;另一方面,空间性又与时间(历史性)相互作用,空间和时间在社会(存在)中没有先后之分,两者相互依存,社会就是在历史地理中构建的。最后苏贾提出"第三空间"理论,认为第一空间是具体的、真实的空间;第二空间是想象的空间,通过权力控制着第一空间;而第三空间是反抗的空间,完全开放的空间,充满创造性的力量,通过社会公正、参与性民主以及公民权利推动空间正

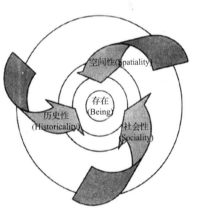

图3-3　苏贾的三元辩证法

---

① Edward Soja. The Socio-Spatial Dialectic[J]. Annals of the Association of American Geographers, 1980(70):126–142.

② Edward Soja. 第三空间[M]. 陆扬,等,译. 上海:上海教育出版社,2005:90.

义,是一种社会权力的体现(图3-4)。

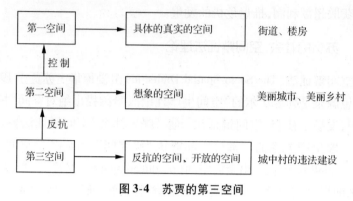

图3-4　苏贾的第三空间

资料来源:作者自绘。

3.2.5　卡斯特的空间生产理论

卡斯特将社会体系划分为政治、经济和意识形态三个部分,形成制度空间(权力空间)、经济空间(生产、消费和流通)和精神空间(符号/象征空间)。在目前全球化和市场化背景下,形成制度、资本和社会以及空间四位一体的理论模式。这种模式可以从两个层面来分析制度体系、资本流动、社会行动三者与空间的关系以及三者之间的相互关系(图3-5)。

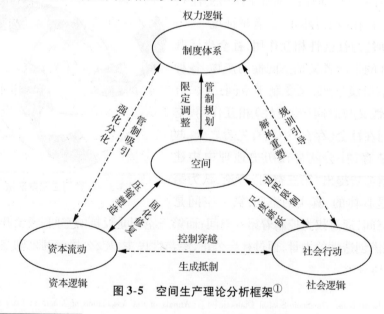

图3-5　空间生产理论分析框架①

---

①　王丰龙.空间的生产研究综述与展望[J].人文地理,2011(2):13-19.

第一个层面是制度体系、资本流动和社会行动与空间的关系。首先是制度体系与空间的关系。一方面,制度体系通过中央权力和国家机器对空间进行控制,例如税收制度、土地制度、户籍制度等影响企业决策,限制人口流动等。地方政府权力通过城乡规划,控制城乡空间生产。另一方面,空间尤其是社会空间对制度有反制作用,通过空间对抗等影响区域规划、城乡规划、住房拆迁、失地安置等制度,从而协调城乡二元结构、城市二元结构,缩小城乡差距。制度体系与空间的关系表现为"权力逻辑"和空间反抗的关系。

　　其次是资本流动与空间的关系。一方面,资本通过资本流动进行空间压缩,不断向外(区域外,国外)塑造空间;另一方面,空间本身通过生产吸引资本流动,修复空间。资本与空间的关系体现为空间生产的资本逻辑,资本通过参与工业品投资,建成环境投资包括住房和基础设施等方面的投资,以及科技与卫生等创新方面的投资获得超额利润,从而形成"资本逻辑"。为获取更多利润,资本经常与权力结盟,形成城乡空间生产的"权力 + 资本"双重逻辑,共同通过空间规划、时空压缩影响城乡空间生产。

　　最后是社会行动与空间的关系。一方面,社会通过空间移动超越地方尺度,形成去地方化力量,如中国中西部地区居民通过空间移动,到东部沿海地区获得新的空间;某些不发达国家居民移民到发达国家。另一方面,统治力量通过地方边界(国界、省界或者地区界)加强对空间的控制,比如提高移民政策,限制移民迁入,提高入户门槛,从而限制社会行动的影响和话语权。社会和空间的关系体现为"社会逻辑"。

　　第二个层面是资本流动、社会行动和制度体系三者之间的相互关系。在空间生产理论分析框架(图3-5)中,三者关系用虚线表示。第一,资本流动和制度体系的关系。制度体系本身代表权力,权力必须依靠资本实现,包括国有资本、国外资本和民营资本,同时资本为获取更大的利润,经常与权力结盟,形成"权力 + 资本"的开发模式,比如房地产开发、新城开发等。第二,资本流动与社会行动的关系。社会一方面为了发展必须依靠资本支持,另一方面通过投资或者消费,将积蓄转化为资本。第三,制度体系与社会行动的关系,任何一项制度体系的完成都是依靠社会(行动)来执行,当一项不好的制度出现后,社会(行动)就通过对立、反抗等措施促使制度改变。城中村、郊区违章建筑等都是空间反抗的外在体现形式。

3.3 城乡关系理论

3.3.1 国外城乡关系理论

（1）亚当·斯密关于城乡关系的自然顺序

亚当·斯密1776年发表的《国民财富的性质和原因的研究》里面内容众多，其中涉及城乡关系的论述为："按照事物的自然趋势，进步社会的资本，首先是大部分投在农业上，其次投在工业上，最后投在国外贸易上。这种顺序是极自然的。"明确地论述城乡关系的自然顺序是农业—工业—国外贸易，并且指出农村和城市是相辅相成的，甚至城市更加依赖农村。工商业城市对农村的改良与开发有三个方面的途径：第一，为农村的原生产物提供一个巨大而便利的市场，从而鼓励了农村的开发与进一步的改进；第二，通过商人与乡绅购买土地（尤其是未开垦的土地）带动农村开发；第三，工商业发达形成的社会秩序、好的政府以及个人的安全和自由使农村居民摆脱邻里战争与对上司的依附。① 亚当·斯密从自然秩序上分析城乡关系的形成是"农村—城市依赖农村—农村从城市得到发展"发展路径。

（2）杜能的农业区位理论

杜能的农业区位理论是19世纪德国（普鲁士）特殊社会经济背景下的产物。他提出的孤立国实际上是一个城乡关系的特殊模型，在城市的周围，形成在某一圈层以某一种农作物为主的同心圆结构。从内到外分布着自由式农业、林业、轮作式农业、谷草式农业、三圃式农业、畜牧业这样的同心圆结构。它侧重于探寻城乡之间不同产业的空间分布规律，其理论原理是：运费决定了城乡产业的空间分布。②

（3）空想社会主义者的乌托邦思想

16世纪，乌托邦思想的倡导者们莫尔、傅立叶、欧文提出城市与乡村协调发展的新模式，1516年，莫尔在他的著名作品《乌托邦》一书里通过一个旅客拉斐尔的见闻，描述假想岛屿国家乌托邦的政治制度。作品主要引用拉斐尔和Peter

---

① 亚当·斯密. 国民财富的性质及其原因的研究[M]. 郭大力，等，译. 北京：商务印书馆，1972：183－184.

② 约翰·冯·杜能. 孤立国同农业和国民经济的关系[M]. 北京：商务印书馆，1986：209－212.

Giles 的对话,展现了"最有价值和最有尊严"的城市。

《乌托邦》将现实中的欧洲国家与完全有序合理的国家乌托邦进行对比。在乌托邦,私有财产不存在,存在着绝对的宗教宽容。《乌托邦》的主要内容反映的是社会对秩序和纪律的需要,而不是自由。乌托邦能够容忍不同的宗教习俗,但不会容忍无神论者。如果一个人不相信上帝或来世,他是绝不能被信任的,因为,从逻辑上讲,他将不会得到任何部门的承认。①

随后傅立叶提出了"和谐社会"的概念,他把个人幸福与人类幸福结合起来,给人类描绘了一种统一的和谐愿望。② 欧文提出"劳动交换银行"及"农业合作社",建立"新协和村",组织社会化大生产。他们都将城市发展作为与农村协调的一个经济系统单元,使工业生产与农业发展相协调。他们这些理想尽管最后都破灭了,但也对城乡协调发展和田园城市建设提供了思想来源。

(4)沙里宁的有机疏散理论

为缓解城市过度发展而产生的一系列社会问题,沙里宁提出了有机疏散理论。沙里宁认为,有机疏散的城市发展方式能使人们居住在一个兼具城乡优点的环境中,既符合人类聚居的天性,便于人们的社会生活,又不脱离自然。他认为,城市是一个有机体,秩序优良是其活力所在;乱七八糟的聚集,导致城市秩序混乱,是城市衰败之根源。只有按城市的功能要求,将城市人口和就业岗位分散到可供合理发展的非中心地域,城市才能获得新生。沙里宁主张可以通过与中心城市有密切联系的城镇,来疏散中心城市功能,从而对城市发展及其布局结构进行调整。③

沙里宁的有机疏散理论讨论了城市发展思想、城市经济状况、土地、立法、城市居民教育、城市设计等方面的内容,将城市看作是一个有机联系同时存在相对分离的区域。从区域角度讲,这是一种城乡差距较小的城乡区域均质体。

(5)恩格斯的城乡融合理论

1847 年,恩格斯指出工人和农民之间阶级差别的消失与人口分布不均衡现象的消失是实现城乡融合的两个标志。"第一次大分工,乡村人口限于数千年的愚昧状况中,而城市居民,则为各人专门的手艺所奴役。城市与乡村的分离破坏了乡村居民的精神发展的基础。"④他还提出通过变换工种、加强社会教育、

① 托马斯·莫尔.乌托邦[M].戴镏龄,译.北京:商务印书馆,2008:201-236.
② 傅立叶.傅立叶选集[M].第 1 卷.北京:商务印书馆,1982:199-223.
③ 伊利尔·沙里宁.城市,它的发展,衰败和未来[M].顾启源,译.北京:中国建筑出版社,1986:19-21.
④ 恩格斯.反杜林论[M].北京:人民出版社,1974:320.

共同享受福利实现城乡融合来消除旧的社会分工,为城乡协调发展提供了理论源泉。

(6) 霍华德的"田园城市"理论

霍华德于 1902 年在其著作《明日的田园城市》一书中倡导建立城乡一体的城乡社会结构,认为城市和乡村必须愉快结合才能产生新的文明、新的生活。在书中他绘制了"城市""乡村""城市-乡村融合"的三块磁铁,形象地说明了他的"城乡一体化"的观点(图 3-6)。各"磁铁"包含元素分析如下:

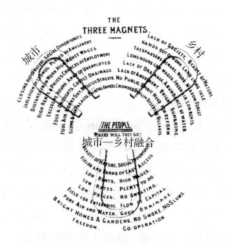

图3-6 "三磁铁"理论图

左上的磁铁:城市,其特点是远离自然;社会机遇;群众相互隔阂;娱乐场所;远距离上班;高工资;高地租;高物价;就业机会;超时劳动;失业大军;烟雾和缺水;排水昂贵;空气污染;天空朦胧;街道照明良好;贫民窟与豪华酒店;宏伟大厦。

右上的磁铁:乡村,其特点是缺乏社会性;自然美;工作不足;土地闲置;提防非法入侵;树木、草地、森林;工作时间长;工资低;空气清新;地租低;缺乏排水设施;水源充足;缺乏娱乐;阳光明媚;没有集体精神;需要改革;住房拥挤;村庄荒芜。

下面的磁铁:城市-乡村融合,其特点是自然美;社会机遇;接近田野和公园;地租低;工资高;地方税低;有充足的工作可做;低物价;无繁重劳动;企业有发展余地;资金周转快;水和空气清新;排水良好;敞亮的住宅和花园;无烟尘;无贫民窟;自由;合作。[1]

---

[1] 埃比尼泽·霍华德. 明日的田园城市[M]. 金经元,译. 北京:商务印书馆,2014:7-9.

《明日的田园城市》是霍华德为后人留下的一份极为宝贵的文化遗产,其"社会城市"概念成为组团城市发展模式的启蒙,"田园城市"理论内涵对于新型城乡关系和社会空间的建立产生积极的指导作用。

　　(7)麦基的"城乡融合区"理论

　　麦基在对亚洲一些国家进行研究后提出了城乡融合区概念,描述的是在同一地域上同时发生理论探讨的城市性和农村性的双重行为的产物。城乡融合区既不是乡村亦不是城市,而是兼有两者的特征,伴随着城乡融合区的产生而发展成真正的都市圈,在"乡村-都市连续体"的所有层次上变得更为都市化,即建立在区域综合发展基础上的城市化,其实质是城乡之间的统筹协调和一体化发展。①

　　(8)刘易斯的"二元结构"理论

　　1954年,刘易斯发表了题为《劳动无限供给条件下的经济发展》的文章,提出了关于发展中国家经济二元结构的理论模型,揭示了发展中国家并存着农村中以传统生产方式为主的农业和城市中以制造业为主的现代化部门,由于发展中国家农业领域存在着边际生产率为零的剩余劳动力,因此农业剩余劳动力的非农化转移能够促使二元经济结构逐步消减。这一理论为发展经济学的研究做出了突出贡献。②

　　在刘易斯看来,发展中国家二元结构具有以下特征:第一,技术可以分成使用资本的技术和不使用资本的技术;第二,农业部门是发展中国家传统生产部门的典型代表;第三,传统的农业部门劳动者收入水平很低;第四,由于传统部门的边际劳动生产率低甚至接近于零,所以在一定的工资率下,传统部门的劳动供给是具有无限弹性的。

　　此后,谬尔达尔提出了"扩散效应"和"回流效应"的概念;③赫希曼进一步提出了"极化效应"与"涓流效应"的概念。④ 这些理论为发展经济学奠定了坚实的理论基础,为城乡协调发展提供了理论依据。

---

　　① Mcgee T. G. The Emergence of Desakota Regions in Asia: Expanding a Hypothesis. The Extended Metropolis: Settlement Transition in Aisa[C]. Honolulu: University of Hawaii Press,1991:169.

　　② Lewis, W. Arthur. Economic Development with Unlimited Supplies of Labour[J]. The Manchester School, 1954, 22(2):139－191.

　　③ Frankel SH, Myrdal G, Dhilips PAMV. Economic Theory and Under-developed Regions [J]. International Affairs, 1958, 34(3):361.

　　④ 赫希曼.经济发展战略[M].潘照东,曹征海,译.北京:经济科学出版社,1991:166－180.

3.3.2　国内城乡关系理论

（1）新中国成立后的城乡二元结构理论

新中国成立后,百废待兴。国民经济经过几年的恢复,中国提出了过渡时期实现工业化的重要任务。由于工业落后,各方面资源特别匮乏,国家确立了优先发展重工业的发展战略。1956 年,毛泽东在《论十大关系》一文中提出我国应该走在大力发展农业和轻工业的基础上发展重工业的道路。从此,优先发展重工业成为新中国成立后党和国家最主要的任务。为了更好地支持重工业的发展,1953 年开始建立起农产品统购统销的政策,农村支持城市、农业支持工业成为新中国成立后城乡关系的主要体现。农民自由进入城市导致城市就业机会减少、粮油供应出现困难,为了阻止农民进入城市,1958 年《中华人民共和国户口登记条例》开始实施,标志城乡分割的户籍管理制度正式实施。农村人口不能迁移到城镇,同时在就业机会、粮油供应、医疗卫生、医疗保障等方面与城镇户口存在巨大差异,形成中国特色的城乡二元结构。传统的西方城乡二元结构主要指经济上的城乡二元结构,而我国城乡居民不仅在经济上,而且在政治、教育、医疗等社会权益保障上都存在巨大差异。

（2）城乡互动理论

改革开放后,党和国家开始全面纠正"文革"期间的错误,包括城乡二元结构的错误,认识到城乡关系不仅仅是农村支持城市、农业支持工业的单方面关系,城市与农村可以实现良性互动,从而构建中国特色社会主义的城乡关系互动理论。城乡互动理论包括以下内容:

① 农村体制改革初步消除了城乡障碍。[①] 十一届三中全会以来,党和国家首先从农村进行体制改革。农村土地家庭联产承包责任制的实行极大地提高了农民生产的积极性和创造性,将一部分农村剩余劳动力从土地中解放出来,从事手工业和其他轻工业生产,大大提高了农民的可支配收入。同时对农业实行市场化改革,农产品开始体现市场价值。

② "农业是基础"是城乡互动的前提。邓小平认为:"工业越发展,越要把农业放在第一位。""农业搞不好,工业就没有希望。"[②]所以"农业是基础"是中国特色社会主义城乡互动理论的前提。只有"三农稳定",也就是农业、农村、农民稳定,才能更好地建设工业和实现四个现代化,它是城乡互动的前提与保障。

---

① 　彭晓伟.中国共产党的城乡关系理论与实践[D].西南大学博士学位论文,2012.

② 　邓小平文选(第一卷)[M].北京:人民出版社,1994:322.

③ 乡镇企业的大力发展是城乡互动的经济基础。20 世纪 80 年代以后，在江苏省，以苏锡常地区为代表的苏南地区开始大力发展乡镇企业。改革开放初期，城乡户籍人口还没有松动，但是苏南地区农村存在大量的富余劳动力，他们在乡镇土地上建设企业，做到"离厂不离家，进厂不进城"，一方面解决了城市轻工业以及手工业产品大量紧缺的问题；另一方面又利用城市（上海、苏州）工厂工程师大量的智力和技术支持，创造了中国特色的以乡镇企业发展为主体的"苏南模式"。乡镇企业的大力发展一方面离不开城市的支持，包括智力、技术等支持；另一方面也离不开农村大量的土地以及剩余劳动力。两者完美结合是城乡互动的经济基础。

④ 工农相互支持合作是城乡互动的核心。首先，工业必须支持农业，城市必须支持农村建设。邓小平指出："工业支援农业要落实到具体的政策中，不仅不能减少，而且要搞好，促进农业的现代化是工业的重大任务。"[①]同时，农业也要在农副产品、农村市场、农村剩余劳动力等方面支援工业，从而促进工农协调发展，城乡互动。

⑤ 科学技术是第一生产力，有利于缩小城乡差距。邓小平提出："科学技术是第一生产力。"只有先进的科学技术才能提高工业化水平，才能实现四个现代化。科学技术的发展对于消除城乡差别、工农差别、脑体差别具有重要的推动作用。科学技术不仅仅用于工业生产方面，农业生产方式的转变、生产效率的提高和农民生活质量的改善同样也离不开科学技术的支持。

（3）城乡统筹理论

2003 年 10 月 14 日发布的《中共中央关于完善社会主义市场经济体制若干问题的决定》中提出"以人为本"的科学发展观，强调"统筹城乡发展，统筹区域发展，统筹经济社会发展，统筹人与自然和谐发展，统筹国内发展和对外开放的要求"五统筹，其中"统筹城乡发展"放在最重要的位置，这是城乡统筹理论第一次被提出。该理论主要包括以下几方面内容：

① 以人为本是城乡统筹理论的根本宗旨。[②] 科学发展观最根本的核心就是"以人为本"，这里的人必然是指包括城市和农村居民在内的所有中国公民，要破除城乡二元结构，首先必须从人的权利着手，无论是城市居民还是农村居民，都同样享受宪法赋予的政治权利、经济权利和社会权利，不能因为城乡二元

① 邓小平文选（第一卷）[M].北京：人民出版社，1994：326.
② 韦廷柒，张学亮.中共十六大以来中共特色社会主义城乡关系理论新发展[J].学术论坛，2010(2)：38 - 41.

而忽视农村居民特别是农民工的城市权利。

② 统筹城乡社会经济发展是全面建设小康社会的重大任务。中共十六大提出全面建设小康社会的目标必须统筹城乡经济社会发展,缩小城乡差距,摆脱"以城市论城市"和"就农村谈农村"的发展论调,要将农村与城市的发展结合起来,只有这样,统筹城乡发展才能真正实现全体人民的小康生活目标。

③ 建设社会主义新农村是城乡统筹理论的主要内容。社会主义新农村建设必须按照生活富裕、乡风文明、生产发展、村容整洁和管理民主的基本要求,按步骤持续地进行建设,不能等到政策热度一过,又恢复到原样。社会主义新农村建设不是村庄的整体拆迁和城镇化,而是农村建设风貌、农村文明、农村治理以及农村社会发展的协调统一,同时,要防止借助新农村建设进行城镇化和农村建设用地无序扩张。只有真正建设好新农村才能实行城乡统筹发展。

④ 坚持中国特色城镇化道路是城乡统筹理论的基本路径。十六大提出的中国特色城镇化道路,是以大城市为依托,以中小城市为重点,以县城和有条件的建制镇为基础,科学规划,合理布局,并同发展乡镇企业与农村服务业结合起来,实现大中小城市与小城镇协调发展。只有坚持走中国特色的城镇化道路,才能实现城市、小城镇和农村协调发展。

⑤ "工业反哺农业,城市反哺农村"是城乡统筹的基本理论依据。胡锦涛在十六届四中全会提出"两个趋向"的重要论断,确立了城乡统筹的理论依据。"两个趋向"是指:在工业化初始阶段,农业支持工业、为工业提供积累是带有普遍性倾向;但在工业化达到相当程度后,工业反哺农业、城市支持农村,实现工业与农业、城市与农村协调发展,也是带有普遍性的倾向。①"两个趋向"论断是对国际发展经验的精辟总结,对于解决"三农"问题,推动城乡统筹发展具有重大的理论指导价值。

⑥ 城乡经济社会环境一体化发展新格局是城乡统筹理论的基本要求。城乡统筹的最终目标是消除工农差异、城乡差异,实现社会主义小康社会。因此,实现城乡经济社会环境一体化发展是城乡统筹的基本要求。胡锦涛在中共十七大报告中提出,建立以工促农、以城带乡的长效机制,形成城乡经济社会发展一体化格局,为我国推进城乡统筹协调发展提出了战略方向,也为下一步城乡一体化理论发展打下了坚实的基础。

---

① "两个趋向"论断对解决"三农"问题有重要作用[EB/OL]. http://news. sina. com. cn/o/2005-04-01/19015530812s. shtml.

（4）城乡一体化理论

2008 年，十七届三中全会《关于推进农村改革发展基本重大问题的决定》中提出"开始建立健全城乡发展一体化机制体制"，这是我国第一次在政策层面提出城乡一体化理论。2011 年中国社科院当代城乡发展研究院发布《城乡一体化蓝皮书：中国城乡一体化发展报告》，该蓝皮书从城乡统筹的基础、城镇化发展阶段、二元结构特点、城乡统筹的目标、城乡统筹的制度创新以及城乡一体化建设的金融支持等方面论述了中国城乡一体化的理论和实践案例。自此，该研究院每年都发布中国城乡一体化发展报告，2017 年 10 月《中国城乡一体化发展报告（2017）》从户籍改革与打赢脱贫攻坚战两者双轮驱动、培育中小城市和特色镇、提升城市可持续发展水平着手，推动城市化质量提高，提高社会主义新农村建设水平，缩小城乡差距，全面建成小康社会。

城乡一体化要通过改革发展，促进城乡在规划建设、生态环境保护、产业发展、社会事业发展、政策措施等方面的一体化，实现城乡在政策上的平等、产业上的互补、国民待遇上的一致，追求城乡发展公正、和谐的战略思想，谋求城乡居民空间共享，平等地建设社会主义，从而实现共产主义。

城乡一体化理论表明我国城乡关系理论从摸索走向成熟，对于建设我国人民美好生活，实现中国梦具有很大的理论价值。

3.4 理论评述

空间生产理论极大地丰富了城市空间理论内涵，实现了从传统马克思历史唯物主义到空间生产理论注重空间、历史、社会的转变。在辩证法和历史唯物主义的语境中引入空间性，将其摆到中心的位置，城市化空间的社会生产由日益增加的国家权力规划和协调，并扩展到更多的人口和区域，例如城市空间的社会生产逐步由城市中心扩展到郊区，甚至扩展到周边的农村区域，覆盖城市周边郊区农民和部分农村居民。城市内部组织空间以及城乡空间不是独立的物理空间，也不是一种单纯的社会关系的简单表达，它们之间具有辩证统一的特点，即生产关系具有空间和社会的统一性。城乡之间的"隔离"阻碍了城乡空间与社会的统一性，因此，必须利用空间生产理论在城乡规划中进行合理的空间布局和分区，通过物理空间与社会空间的部分重叠来缓和城乡矛盾，促进城乡一体化。

国外城乡关系理论经历了从空想到现实，从城乡分离到城乡融合，从城乡一般空间到城乡经济空间的发展历程,虽然在城乡融合和社会城市建设方面,提出了理论模型和空间实践,但是这些城乡融合的空间实践范围很小,同时这些理论更多关注城乡物质空间的差别,很少关注差异空间和边缘人群的权利。物质空间只是社会空间的一种体现形式,如果仅仅研究物质空间,而不从权力逻辑(制度体系)和资本逻辑(引导资本循环)上分析城乡社会空间,关注差异空间和边缘人群的空间权利,维护他们的空间正义,变权力逻辑和资本逻辑的城乡空间为权力、资本和社会三者相互作用的逻辑体系,那么,就无法从根本上揭示城乡社会关系,也就无法构建城乡共生、空间共享的城乡社会。

国内城乡关系理论经历城乡二元结构理论、城乡互动理论、城乡统筹理论和城乡一体化理论四个阶段,国内空间生产理论经历空间隔离、空间限制、空间介入、空间共享四个阶段,总体上看,社会主义城乡关系最终的目标是建立公正、公平和空间共享的城乡社会。

本书从综合和跨学科视角,运用空间生产理论和城乡关系理论,从社会空间辩证法视角对苏锡常城镇化进程进行深入解读,以构建具有中国特色城市社会研究的空间生产理论体系和典型案例样本。

4 城镇化进程与城乡社会空间矛盾

4.1 城镇化与城乡社会空间矛盾关系

　　空间从来不是预先给定的东西,也不是一个中立的范畴、一个被动的场景或一个客观的精神王国,空间是社会的产物。空间从来不是空洞的,空间到处弥漫着社会关系,社会在生产空间的同时,空间也在积极、能动地形塑和构建社会,空间是社会关系运作的媒介与结果。

　　城镇化是社会过程的产物,城镇化浪潮与全球化捆绑在一起,席卷世界的每一个角落。资本积累在城镇化网络中的不同地方表现出来的吸引和排斥的特殊辩证法在时空上是不同的,也随所涉资本派系而变化。金融(货币)资本、商业资本、工业—制造业资本、财产和土地资本、国际资本以及农业综合企业资本各自具有不同的需求,具有完全不同的为资本积累而研究开发城镇化网络可能性方式。这些资本的不同需求造成城市空间生产的对立、冲突和紧张。从社会行动领域定位城市,城市是"城镇化"的产物,城镇化过程创造出来的空间结构的物质嵌入性,与社会过程的流动性——资本积累的社会再生产——处于对立之中,出现城市的内在僵化性。

　　城镇化进程必须依赖资本,同时资本也在城镇化进程中获取超额利润,当资本在工业商品的生产即资本的第一循环过剩时,资本就进入城市建成环境的生产,即进入资本的第二循环。在这个阶段,住房商品化、土地资本化、空间资本化成为城市发展的动力。这个阶段主要是在城市空间发生,当城市空间不能满足需要时,城镇化开始向乡村蔓延,乡村成为资本的新的集聚地。因此,城镇化本质上是资本向城乡转移的过程。

　　城市空间的修复和调节成为资本积累和调节社会关系的工具,城镇化以及城乡关系重构与资本紧密联系在一起。城市的空间生产一方面是资本转移的过程,另一方面是空间拓展的过程。在空间拓展过程中不可避免的由城市空间向乡村空间拓展，这样资本进入乡村空间，开始进入资本循环，而失地农民在得到补偿后也失去了自己的土地和生活空间，如果不能融入城市，农民的社会空间会出现断裂，会影响社会的和谐与稳定。空间是社会关系的产物，空间生产由于资本的介入，体现城乡阶层权利差异、社会不平等，客观上造成城乡的社会空间矛盾。

城乡社会空间因为城镇化导致空间扩张、资本介入、城市流动人口增加、生态环境危机，城乡社会空间矛盾体现于城镇化进程之中，因而分析苏锡常城乡社会空间矛盾必须从研究苏锡常城镇化进程开始。

4.2　城镇化进程划分

美国著名经济学家、诺贝尔经济学奖得主斯蒂格拉茨曾经表示："21世纪影响世界经济的有两件事，第一件是美国的新技术革命，第二件是中国的城镇化。"城镇化是区域经济增长的主要推动力，产生巨大的经济效益。中国城镇化经过新中国成立后70年的发展，经历了快速增长—下降—停滞—平稳增长—快速增长的过程。

4.2.1　1949—2018年中国城镇化过程

新中国成立以来，我国总人口从1949年的54 167万人增加到2018年的139 538万人，城镇人口从1949年的5 765万人增加到2018年的83 137万人，城镇化率由10.64%增加到59.58%；城市数量由新中国成立初的120个增加到2015年年底的658个，70年时间完成了西方上百年的城市化过程。[①] 同时由于新中国成立以后我国所处的政治、经济和社会环境决定了我国具有特色的城镇化进程。其中，1978年以前计划经济时代主要是受控制的、缓慢的城镇化进程，虽然个别阶段由于主要经济手段的刺激导致过度城镇化；改革开放后经历了农村家庭联产承包责任制改革、城市经济体制改革、财税制度改革、经济制度改革等一系列制度变迁，中国历经了由传统计划经济时代到有计划的商品经济时代再到社会主义市场经济体制的建立，城镇化进程随之迅速加快。其历年的城镇化率及变化图分别见表4-1和图4-1。

---

① 2018年国民经济与社会发展统计公报［EB/OL］. http://www. stats. gov. cn/tjsj/zxfb/201902/t20190228_1651265. html.

表4-1 新中国历年城镇化率(1949—2018)

年份	总人口/万人	城镇人口/万人	城镇化率/%	城镇化率增长速度/%
1949	54 167	5 765	10.64	0.00
1950	55 196	6 169	11.18	0.53
1951	56 300	6 632	11.78	0.60
1952	57 482	7 163	12.46	0.68
1953	58 796	7 826	13.31	0.85
1954	60 266	8 249	13.69	0.38
1955	61 465	8 285	13.48	− 0.21
1956	62 828	9 185	14.62	1.14
1957	64 653	9 949	15.39	0.77
1958	65 994	11 721	17.76	2.37
1959	67 207	12 371	18.41	0.65
1960	66 207	13 073	19.75	1.34
1961	65 859	12 707	19.29	− 0.45
1962	67 295	11 659	17.33	− 1.97
1963	69 172	11 646	16.84	− 0.49
1964	70 499	12 950	18.37	1.53
1965	72 538	13 045	17.98	− 0.39
1966	74 542	13 313	17.86	− 0.12
1967	76 368	13 548	17.74	− 0.12
1968	78 534	13 838	17.62	− 0.12
1969	80 671	14 117	17.50	− 0.12
1970	82 992	14 424	17.38	− 0.12
1971	85 229	14 711	17.26	− 0.12
1972	87 177	14 935	17.13	− 0.13
1973	89 211	15 345	17.20	0.07
1974	90 859	15 595	17.16	− 0.04
1975	92 420	16 030	17.34	0.18
1976	93 717	16 341	17.44	0.09
1977	94 974	16 669	17.55	0.11
1978	96 259	17 245	17.92	0.36

年份	总人口/万人	城镇人口/万人	城镇化率/%	城镇化率增长速度/%
1979	97 542	18 495	18.96	1.05
1980	98 705	19 140	19.39	0.43
1981	100 072	20 171	20.16	0.77
1982	101 654	21 480	21.13	0.97
1983	103 008	22 274	21.62	0.49
1984	104 357	24 017	23.01	1.39
1985	105 851	25 094	23.71	0.69
1986	107 507	26 366	24.52	0.82
1987	109 300	27 674	25.32	0.79
1988	111 026	28 661	25.81	0.50
1989	112 704	29 540	26.21	0.40
1990	114 333	30 195	26.41	0.20
1991	115 823	31 203	26.94	0.53
1992	117 171	32 175	27.46	0.52
1993	118 517	33 173	27.99	0.53
1994	119 850	34 169	28.51	0.52
1995	121 121	35 174	29.04	0.53
1996	122 389	37 304	30.48	1.44
1997	123 626	39 449	31.91	1.43
1998	124 761	41 608	33.35	1.44
1999	125 786	43 748	34.78	1.43
2000	126 743	45 906	36.22	1.44
2001	127 627	48 064	37.66	1.44
2002	128 453	50 212	39.09	1.43
2003	129 227	52 376	40.53	1.44
2004	129 988	54 283	41.76	1.23
2005	130 756	56 212	42.99	1.23
2006	131 448	58 288	44.34	1.35
2007	132 129	60 633	45.89	1.55
2008	132 802	62 403	46.99	1.10

续表

年份	总人口/万人	城镇人口/万人	城镇化率/%	城镇化率增长速度/%
2009	133 450	64 512	48.34	1.35
2010	134 091	66 978	49.95	1.61
2011	134 735	69 079	51.27	1.32
2012	135 404	71 182	52.57	1.30
2013	136 072	73 111	53.73	1.16
2014	136 782	74 916	54.77	1.04
2015	137 462	77 116	56.10	1.33
2016	138 271	79 298	57.35	1.25
2017	139 008	81 347	58.52	1.17
2018	139 538	83 137	59.58	1.06

资料来源:《新中国65年统计资料汇编》和《中华人民共和国统计年鉴(2010—2018)》。

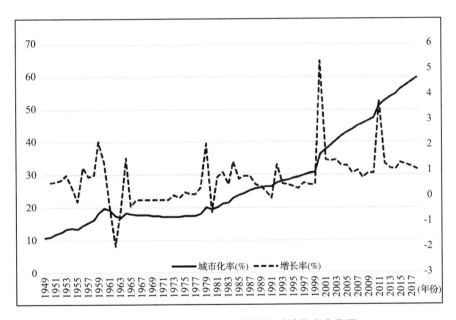

图 4-1　1949—2018 年新中国历年城镇化率变化图

4.2.2　中国城镇化进程划分

关于中国城镇化进程的划分,学者们有不同的观点。有"两阶段论"(方创琳,2008),"三阶段论"(刘芸、樊晟,2002;朱文明,2003;邹德慈,2004;陈素萍,

2105),"四阶段论"(姜爱林,2002;武力,2002;陈峰,2009;蔡雅君,2012;李浩、王婷琳,2012;王海英、梁波,2014;左雯敏、樊仁敬,2017),"五阶段论"(苏浩,2011;苏剑、贺明之,2013),"六阶段论"(白南生,2003;陆大道、姚士谋,2007)。

  蒋永清(2001)回顾了我国100年来特别是新中国成立50年后城镇化的基本轨迹和发展特点,提出我国城镇化进程的五个阶段,分别是1949—1957年城镇化起步阶段,1958—1961年城镇化快速发展阶段,1962—1965年逆城镇化阶段,1966—1978年城镇化停滞阶段,1979—2001年中国城镇化迅速恢复发展阶段。刘芸、樊晟(2002)将城镇化进程分成三大阶段和三个亚阶段,三大阶段分别是1949—1957年城镇化缓慢发展阶段,1958—1977年城镇化停滞阶段,1978年以来城镇化稳定增长阶段。其中1978年以来又分三个亚阶段,分别是1978—1984年农村经济体制改革推动的城镇化阶段,1985—1994年城镇经济体制改革推动的城镇化阶段,1995—2002年农村的推力和城镇的拉力共同推动的城镇化阶段。姜爱林(2002)总结了前人对中国城镇化进程划分的两分法、三分法、四分法和五分法等,提出改革开放后我国城镇化发展的四个阶段,分别是1978—1983年农村经济体制改革推动的城镇化发展阶段,1984—1992年城市经济体制改革推动的城镇化发展阶段,1993—1998年社会主义市场经济体制推动的城镇化发展阶段,1999—2001年经济结构调整推动的城镇化发展阶段。武力(2002)将我国城镇化进程分为四个阶段,分别是1949—1978年城镇化缓慢发展阶段,城镇化滞后于工业化;1979—1984年农村经济体制改革推动的城镇化;1985—1991年乡镇企业和城市改革双重推动的城镇化;1992—2000年城市建设、小城镇发展和开发区建设等共同推动的城镇化。白南生(2003)通过城市化弹性着手,梳理了新中国成立50年来中国城镇化发展进程,将其划分为六个阶段:1951—1958年城镇化迅速发展阶段,1959—1966年城镇化大起大落阶段,1967—1977年城镇化异常低速稳定发展阶段,1978—1986年城镇化迅速发展阶段,1987—1995年城镇化缓慢发展阶段,1996—2001年城镇化稳定高速发展阶段。朱文明(2003)在分析城镇化发展阶段的基础上提出我国城镇化的发展模式,将城镇化划分为三个阶段:1949—1957年工业化起步阶段,156项重点工程的实施,促进城镇化健康发展,诞生了11座新兴城镇;1958—1977年人民公社阶段,"大跃进"、国家经济大调整以及知识青年上山下乡等使得这个阶段出现逆城镇化;1978—2003年改革开放时期城镇化快速发展阶段。邹德慈(2004)提出的城镇化三个阶段与此类似。陆大道、姚士谋(2007)认为中国城镇化在某些阶段发展迅速,造成空间失控和冒进性城镇化,他们将中国城镇化划分为六个阶段:1949—1957年正常城镇化阶段,1958—1960年过度城镇化阶段,1961—1963年逆城镇化阶段,1964—1978年城镇化停滞阶段,1979—1995年城镇化恢复阶段,1996—2005年过度城镇化阶段,认为其中有两个阶段出现城镇化冒进,为过度发展阶段。方创琳等人(2008)将新中国成立以来的城镇化划分为两大阶段,1949—1995年起步阶段,1996—2006年快速发展阶段,城镇化持续稳定推进,其中第一个阶段分为六个亚阶段。陈峰(2009)将改革开放后中国城镇化进程分为四个阶段:农村城镇化阶段(1978—1984年)、城镇改革推动阶段(1985—1992年)、市场化与体制转轨阶段(1993—2003年)、中国特色城镇化阶段(2004—2008年)。苏浩(2011)将新中国成立以来城镇化进程分为五个阶段,依次是城镇化起步阶段(1949—1957年)、城镇化激烈波动阶段(1958—1965年)、城镇化徘徊停滞阶段(1966—1977年)、城镇化恢复发展阶段(1978—1994年)和城镇化加速发展阶段(1995—2009年)。蔡雅君(2012)将新中国成立以来的城镇化进程分为四个阶段:1949—1957年新中国成立初期的起步阶段,1958—1977年起伏波动阶段,1978—1992年恢复发展阶段,1993—2012年加速发展阶段。李浩、王婷琳(2012)同样将新中国成立以来的城镇化进程划分为四个阶段,只是在时间划分上稍有差异。苏剑、贺明之(2013)将新中国成立以来的城镇化进程划分为五个阶段:起步从"一五"计划开始,1951—1957年城镇化起步阶段,1958—1965年城镇化波动阶段,1966—1977年城镇化停滞阶段,1978—1995年城镇化恢复阶段,1996—2013年城镇化加速发展阶段。王海英、梁波(2014)分析了近代以来中国的城镇化,1949年以前是以实现生活要素在区域内流通为目标的城镇化,1949—1957年新中国成立初期是以实现经济赶超为动力的工业性城镇化,1958—1977年是计划体制下城镇化的停滞与小城镇的衰败阶段,1978年以后是以转移农村剩余劳动力、推动农村社会建设等为目标的城镇化。陈素萍、张乐勤、许信旺(2015)利用Logistic模型分析中国城镇化发展的三阶段:1949—1978年缓慢城镇化阶段,1979—2028年加速城镇化阶段,2028年以后最终城镇化阶段。左雯敏、樊仁敬、迟孟昕(2017)从城乡关系视角考察新中国城镇化演进的四个阶段及特征:1949—1978年城乡二元结构形成,为缓慢城镇化阶段;1979—1994年工业城镇化阶段;1995—2013年土地城镇化阶段;2014年以后新型城镇化阶段,主要特征是"以人为本"和"城乡统筹"(表4-2)。

　　以上大部分学者对中国城镇化进程阶段的划分是从新中国成立以后开始的,也有学者从近代开始进行中国城镇化进程划分(王海英、梁波,2014),部分学者对中国城镇化进程划分从改革开放后开始(陈峰,2009;姜爱林,2002)。由于时间原因,有的城镇化进程的划分已经不符合中国城镇化发展的现实状况。关于城镇化进程比较统一的是1949—1978年的城镇化过程基本分四个阶段:

1949—1957 年起步阶段,1957—1961 年快速发展阶段,1962—1965 年逆城镇化阶段,1966—1978 年停滞阶段。2012 年 12 月 15 日中央经济会议上强调 2013 年经济工作重点是积极稳妥地推进城镇化,着力提高城镇化质量。可以认为我国的城镇化实现了由传统以房地产经济为主的城镇化向以人为本的城镇化转变。2014 年 5 月李克强总理在政府工作报告中强调:要推进以人为核心的新型城镇化。坚持走以人为本、四化同步、优化布局、生态文明、传承文化的新型城镇化道路,遵循发展规律,积极稳妥推进,着力提升质量。今后一个时期,着重解决好现有"三个 1 亿人"问题,促进约 1 亿农业转移人口落户城镇,改造约 1 亿人居住的城镇棚户区和城中村,引导约 1 亿人在中西部地区就近城镇化。2014 年 3 月国务院印发了《国家新型城镇化规划(2014—2020 年)》,并发出通知,要求各地区各部门结合实际认真贯彻执行,标志着我国新型城镇化大幕正式拉开。

表 4-2　学者对中国城镇化发展阶段划分

作者	阶段数量	分界年限	城镇化特征
蒋永清 (2001)	五阶段	1949—1957	城镇化起步阶段
		1958—1961	城镇化快速发展阶段
		1962—1965	逆城镇化阶段
		1966—1978	城镇化停滞阶段
		1979—2001	城镇化迅速恢复发展阶段
刘芸、樊晟 (2002)	三大阶段, 三个亚阶段	1949—1957	城镇化缓慢发展阶段
		1958—1977	城镇化停滞阶段
		1978—2002	城镇化稳定增长阶段
		1978—1984	农村经济体制改革推动的城镇化阶段
		1985—1994	城镇经济体制改革推动的城镇化阶段
		1995—2002	农村的推力和城镇的拉力共同推动的城镇化阶段
姜爱林 (2002)	四阶段 (改革开放后)	1978—1983	农村经济体制改革推动的城镇化发展阶段
		1984—1992	城市经济体制改革推动的城镇化发展阶段
		1993—1998	社会主义市场经济体制推动城镇化发展阶段
		1999—2001	经济结构调整推动城镇化发展阶段
武力 (2002)	四阶段	1949—1978	城镇化缓慢发展,城镇化滞后于工业化
		1979—1984	农村经济体制改革推动的城镇化
		1985—1991	乡镇企业和城市改革双重推动的城镇化
		1992—2000	城市建设、小城镇发展、开发区建设等共同推进的城镇化

续表

作者	阶段数量	分界年限	城镇化特征
白南生 (2003)	六阶段	1951—1958	城镇化迅速发展阶段
		1959—1966	城镇化大起大落阶段
		1967—1977	城镇化异常低速稳定发展阶段
		1978—1986	城镇化迅速发展阶段
		1987—1995	城镇化缓慢发展阶段
		1996—2001	城镇化稳定高速发展阶段
朱文明 (2003)	三阶段	1949—1957	工业化起步阶段
		1958—1977	上山下乡,逆城镇化阶段
		1978—2003	改革开放,城镇化快速发展阶段
邹德慈 (2004)	三阶段	1953—1958	农民进城,城镇化稳定进行
		1958—1978	城镇化徘徊、停滞阶段
		1978—2004	城镇化快速发展阶段
陆大道、 姚士谋 (2007)	六阶段	1949—1957	正常城镇化阶段
		1958—1960	过度城镇化阶段
		1961—1963	逆城镇化阶段
		1964—1978	城镇化停滞阶段
		1979—1995	城镇化恢复阶段
		1996—2005	过度城镇化阶段
方创琳、 刘晓丽 (2008)	两大阶段, 六个亚阶段	1949—1995	起步阶段
		1949—1957	顺利起步阶段 国民经济恢复发展,城镇化进程加快
		1958—1960	超速发展阶段 城镇化进程加快,农民进城
		1961—1965	倒退发展阶段 城镇化出现停滞甚至倒退
		1966—1976	停滞发展阶段 城镇化出现停滞动荡发展
		1977—1983	迅速发展阶段 原有城市和新城市吸纳人口加快
		1984—1995	低速发展阶段 城镇化进程放缓,小城镇发展迅速,完成城镇化起步阶段
		1996—2006	快速发展阶段,城镇化进程持续稳定推进
陈峰 (2009)	四阶段 (改革开放后)	1978—1984	农村城镇化阶段
		1985—1992	城市改革推动阶段
		1993—2003	市场化与体制转轨阶段
		2004—2008	中国特色城镇化阶段

作者	阶段数量	分界年限	城镇化特征
苏浩 (2011)	五阶段	1949—1957	城镇化起步阶段
		1958—1965	城镇化激烈波动阶段
		1966—1977	城镇化徘徊停滞阶段
		1978—1994	城镇化恢复发展阶段
		1995—2009	城镇化加速发展阶段
蔡雅君 (2012)	四阶段	1949—1957	新中国成立初期的起步阶段
		1958—1977	起伏波动阶段
		1978—1992	恢复发展阶段
		1993—2012	加速发展阶段
李浩、王婷琳 (2012)	四阶段	1949—1957	工业化建设推动下城镇化快速发展
		1958—1977	大起大落之后陷入长期停滞
		1978—1994	改革开放引领东南沿海城镇化优先发展
		1995—2012	市场经济体制改革深化推动城镇化快速发展
苏剑、贺明之 (2013)	五阶段	1951—1957	城镇化起步阶段,存在过度城镇化
		1958—1965	城镇化波动阶段,"大跃进"以及经济调整导致波动
		1966—1977	城镇化停滞阶段,"上山下乡"
		1978—1995	城镇化恢复阶段,城镇化由农村体制改革推动
		1996—2013	城镇化加速阶段,房地产拉动
王海英、梁波 (2014)	四阶段 (从近代开始)	1949 年以前	近代以实现生活要素在区域内流通为目标的城镇化
		1949—1957	新中国成立初期以实现经济赶超为动力的工业性城镇化
		1958—1977	计划体制下城镇化的停滞与小城镇的衰败
		1978 年以后	改革开放后以转移农村剩余劳动力、推进农村社会建设等为目标的城镇化
陈素萍等 (2015)	三阶段	1949—1978	城镇化缓慢发展阶段
		1979—2028	城镇化加速发展阶段
		2028 年以后	城镇化缓慢发展阶段及最终阶段
左雯敏等 (2017)	四阶段	1949—1978	缓慢城镇化阶段
		1979—1994	工业城镇化阶段
		1995—2013	土地城镇化阶段
		2014 年以后	新型城镇化阶段

城镇化进程与城乡关系密切,城镇化进程就是城市空间生产推进的过程,目前学者缺乏从空间生产视角解读中国城镇化进程与城乡关系。结合学者关于中国城镇化阶段划分以及目前中国城镇化的进程,本书将中国城镇化划分为三大阶段:第一阶段为1949—1978年改革开放前徘徊缓慢城镇化发展阶段,第二阶段为1979—2012年改革开放后经济利益驱动的城镇化发展阶段,第三阶段为2013年之后新型城镇化发展阶段。

　　同时,本书将每一阶段划分为几个亚阶段(表4-3),本章重点分析前两个阶段的城镇化进程。1949年以来,新中国已经走过了70年的发展历程,从中国城乡关系变化的角度看,中国社会发生了巨大的转变。前30年,走的是一条非城镇化的工业化、消除城乡差别的道路;后40年,中国经过小城镇大发展最终走向了资本城镇化的时代,城市在国民经济发展中居于核心地位,农村沦为"边缘",毋庸置疑,"城市关系"成为社会的主流;未来30年,中国应当进一步明确发展方向,走一条基于"新型城乡关系"的"新型城镇化"道路。

表4-3　中国城镇化发展阶段及亚阶段划分

阶段划分	时间	城镇化阶段	重要经济事件
第一阶段	1949—1977	改革开放前缓慢发展阶段	"一五"计划实施
	1949—1957	城镇化健康发展阶段	"大跃进"
	1958—1960	快速城镇化发展阶段	国民经济大调整,"三线"建设
	1961—1965	逆城镇化发展阶段	"文化大革命"
	1966—1977	城镇化停滞阶段	
第二阶段	1978—2012	改革开放后快速发展城镇化阶段	农村家庭联产承包责任制城市改革开始,国企改革房地产市场改革
	1978—1984	农村体制改革推动发展阶段	
	1985—1997	城市改革推动发展阶段	
	1998—2012	房地产推动发展阶段	
第三阶段	2013年至今	新型城镇化发展阶段	中国新型城镇化规划颁布

4.2.3　苏锡常城镇化进程

　　1949年以来,苏锡常已经走过了70年的发展历程,城乡社会发生了巨大的转变。新中国成立到改革开放前30年,苏锡常走的是一条缓慢城镇化道路,国有企业为主,农村社队企业开始出现;改革开放至今的40年,苏锡常经过乡镇企业为代表的"苏南模式"阶段、外资主导的开发区发展阶段和新城新区为代表的资本城镇化的阶段,城市和农村的关系变成"核心"和"边缘"的关系,城市主导农村,形成城乡二元社会结构以及以农民工为代表的流动人口与本地户籍人口之间的城市二元结构。新型城镇化以后,苏锡常应当走一条"城乡共生""空间共享"的"新型城镇化"道路。

苏锡常城镇化进程在不同阶段表现出不同的城镇化特征。结合中国城镇化进程与苏锡常城镇化发展,本书将苏锡常城镇化划分为三大阶段。

（1）改革开放前的缓慢城镇化阶段

1949—1978 年是苏锡常城镇化的缓慢发展阶段,城镇人口增长缓慢,总体上城镇化率出现先增长后下降的趋势(图 4-2)。苏州市城镇化率从 1952 年的 20.7%,增加到 1957 年的 21.26%,然后逐渐下降到 1978 年的 16.55%,无锡和常州城镇化率分别从 1952 年 22.49% 和 17.08% 增加到 1957 年的最高点 24.07% 和 19.04%,然后分别递减到 1978 年的 19.26% 和 15.54%。总体上分成两个阶段:第一个阶段是 1949—1957 年城镇化率提升阶段,主要是初级工业化阶段,到 1957 年达到最大值;第二个阶段是 1958—1978 年逆城镇化阶段,国民经济大调整和"文化大革命"导致城镇化率降低,城镇化停滞。

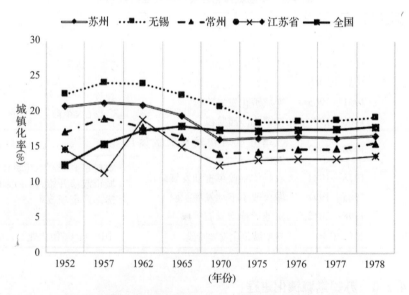

图 4-2　1949—1978 年苏锡常城镇化水平(据《江苏省统计年鉴》制作而成)

改革开放前苏锡常城镇化率整体上处于江苏省城镇化平均水平以上,相对于全国城镇化水平,1962 年之前苏锡常均高于全国平均水平,1962—1978 年只有无锡市城镇化率超过全国平均水平,苏州和常州城镇化水平基本上处于全国平均水平以下。苏锡常三个城市中,无锡城镇化水平最高,其次是苏州,常州城镇化水平最低。

（2）1979—2012 年快速城镇化阶段

改革开放后苏锡常城镇化经历了两个阶段：

① 1979—1990 年以乡镇工业为推动力的阶段。改革开放后，苏锡常充分利用剩余劳动力、城市企业家、社会闲散资本，在乡镇政府组织下，以乡镇土地作为企业发展空间，实现乡镇企业在全国的领先发展，形成当时著名的"苏南模式"。该时期苏州（19.05%～24.91%）和常州（17.59%～25.06%）城镇化率增长与全国（17.92%～26.41%）及江苏省（17.59%～25.06%）差别不大，无锡市由于基数较高，整体城镇化率增长较快，从 1979 年的 22.48% 增长到 1990 年的 34.26%（图 4-3）。这个阶段是中国特色的乡村工业化阶段，尽管苏锡常经济增长很快，但是作为城镇化率的统计指标非农人口占比增加不大。这是由于乡村工业位于乡村，在经济意义上这些工人属于非农人口，但是在统计上，乡村工业从业的工人依然是农民，于是出现了苏锡常人口城镇化落后于土地城镇化的现象。

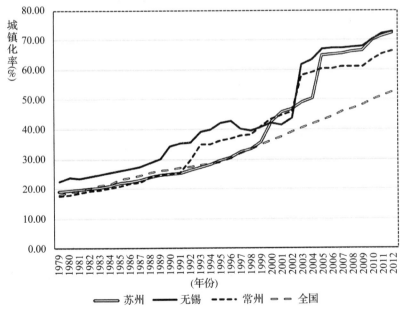

图 4-3　苏锡常、全国城镇化率比较（1979—2012）

资料来源：苏锡常统计年鉴，中国统计年鉴（1979—2013）。

② 1991—2012 年以新区新城和外向型经济为推动力的阶段。1991 年后为吸引外资，苏锡常相继成立国家级开发区和园区，例如苏州高新区（1990）、无

锡高新区(1992)、常州高新区(1992)、苏州工业园区(1994)先后成立,吸引了越来越多的外资入驻,同时这些园区和新区也吸引了大量的要素集聚,形成人口集聚的新城。住房制度改革,使房地产经济成为城镇化的主要推动力,推动苏锡常城镇化的快速发展,而税收制度改革成为推动地方政府大力开发土地资源的原始动力。这个阶段的城镇化发展迅速,同时也出现不少社会矛盾。

(3) 2013 年至今新型城镇化阶段

中共十八大提出"新型城镇化"概念,新型城镇化是以城乡统筹、城乡一体、产城互动、节约集约、生态宜居、和谐发展为基本特征的城镇化,是大中小城市、小城镇、新型农村社区协调发展、互促共进的城镇化。新型城镇化的核心在于不是以牺牲农业和粮食、生态和环境为代价,而是着眼农民,涵盖农村,实现城乡基础设施一体化和公共服务均等化,促进经济社会发展,实现共同富裕。

根据《江苏省新型城镇化和城乡发展一体化规划(2014—2020)》,江苏新型城镇化的主要目标是城镇化和城乡发展一体化质量提升,城乡空间布局优化,城乡可持续发展能力提升,城乡基本公共服务水平提高,城乡发展一体化体制机制完善。推动符合条件的农村户口落户城镇,推动农业转移人口基本公共服务均等化覆盖,建立健全农业转移人口市民化推动机制。

新型城镇化过程从整体上看是农业转移人口市民化过程,是农业人口(不分本地和外地)城市权利公平化过程,是消除城市二元结构(户籍与非户籍)和城乡结构的城乡一体化过程。

苏锡常城镇化第二个阶段,由于资本和权力介入城乡空间生产,城乡居民尤其是农村居民成为空间生产的配角,其城市权利受到很大挑战,城乡之间、城市内部户籍人口和流动人口之间出现权利上的不平等,从而形成城乡二元结构或城市二元结构各自内部的对立。

4.3　城乡二元结构矛盾

4.3.1　城乡经济差距

改革开放 40 年来,苏锡常城乡经济差距发生很大变化。本书从两个维度分析苏锡常城乡经济差距,第一个维度分析苏锡常城乡绝对差距,苏锡常城乡经济绝对差距整体上呈现逐步扩大的趋势(图4-4、图4-5、图4-6),苏州市城乡居民收入差距从 1985 年的 179 元增加到 2016 年的 26 650 元,无锡市城乡居民收入差距从 1978 年的 159 元增加到 2016 年的 22 470 元,常州市城乡居民收入差距从 1985 年的 271 元增加到 2016 年的 22 278 元(表 4-4)。第二个维度通过城乡收入比分析城乡居民相对差距,苏锡常城乡收入比变化规律有所差异。苏州市城乡收入比呈现缓慢增长、快速增长和缓慢缩小的趋势,1985 年(1.24)到 1998 年(1.46)增加比较缓慢,1999 年后快速增加到 2009 年的2.03,城乡收入比达到最高值,然后逐步下降到 2013 的 1.91 较低值后又逐渐增加到 2016 年的 1.96;无锡市城乡收入比呈现先减少后增加的趋势,从 1985 年的 1.37 降低到 1989 年的 1.15,城乡差距最小,然后城乡差距逐步扩大,2008 年到达最高点 2.09 后缓慢降低到 2016 年的 1.86;常州市城乡收入比也呈现先降低再增加又缓慢降低的趋势,从 1985 年的 1.44 降低到 1989 年最低值1.20,之后快速增加到 2009 年的 2.12,然后又缓慢下降到 2016 年的 1.94(表 4-4)。苏锡常城乡收入差距变化规律是绝对差距逐年提高,并进一步拉开差距;相对差距呈现先缓慢下降(1985—1989),然后差距急剧拉大(1990—2009),最后缓慢下降(2010—2018)的变化规律。

表 4-4 苏锡常城乡居民收入差距(1985—2018)

年份	苏州				无锡				常州			
	①/元	②/元	③	④/元	①/元	②/元	③	④/元	①/元	②/元	③	④/元
1985	918	739	1.24	179	958	698	1.37	260	889	618	1.44	271
1989	1 865	1 470	1.27	395	1 625	1415	1.15	210	1 559	1 301	1.20	258
1990	2 150	1 664	1.29	486	1 833	1 496	1.23	337	1 769	1 401	1.26	368
1991	2 427	1 731	1.40	696	2 007	1 507	1.33	500	1 996	1 318	1.51	678
1992	2 788	2 001	1.39	787	2 391	1 904	1.26	487	2 509	1 588	1.58	921
1993	3 695	2 558	1.44	1 137	3 325	2 419	1.37	906	3 195	2 041	1.57	1154
1994	4 885	3 457	1.41	1 428	5 054	3 127	1.62	1 927	4 617	2 707	1.71	1 910
1995	5 790	4 444	1.30	1 346	5 763	3 976	1.45	1 787	5 632	3 397	1.66	2 235
1996	6 591	5 088	1.30	1 503	6 500	4 510	1.44	1 990	6 743	4 172	1.62	2 571
1997	7 479	5 219	1.43	2 260	6 935	4 849	1.43	2 086	6 853	4 216	1.63	2 637
1998	7 812	5 347	1.46	2 465	7 178	5 018	1.43	2 160	7 107	4 289	1.66	2 818
1999	8 406	5 308	1.58	3 098	7 920	5 126	1.55	2 794	7 874	4 313	1.83	3 561
2000	9 274	5 462	1.70	3 812	8 603	5 256	1.64	3 347	8 540	4 430	1.93	4 110

续表

年份	苏州				无锡				常州			
	①/元	②/元	③	④/元	①/元	②/元	③	④/元	①/元	②/元	③	④/元
2001	10 515	5 796	1.81	4 719	9 454	5 524	1.71	3 930	9 406	4 719	1.99	4 687
2002	10 617	6 140	1.73	4 477	9 988	5 860	1.70	4 128	9 933	5 139	1.93	4 794
2003	12 361	6 681	1.85	5 680	11 647	6 329	1.84	5 318	11 303	5 550	2.04	5 753
2004	14 451	7 503	1.93	6 948	13 588	7 115	1.91	6 473	12 867	6 235	2.06	6 632
2005	16 276	8 393	1.94	7 883	16 005	8 004	2.00	8 001	14 589	7 002	2.08	7 587
2006	18 532	9 278	2.00	9 254	18 189	8 880	2.05	9 309	16 649	8 001	2.08	8 648
2007	21 210	10 475	2.02	10 735	20 898	10 026	2.08	10 872	19 089	9 033	2.11	10 056
2008	23 867	11 785	2.03	12 082	23 605	11 280	2.09	12 325	21 592	10 171	2.12	11 421
2009	26 320	12 969	2.03	13 351	25 027	12 403	2.02	12 624	23 751	11 198	2.12	12 553
2010	29 219	14 657	1.99	14 562	27 750	14 002	1.98	13 748	26 269	12 637	2.08	13 632
2011	33 243	17 226	1.93	16 017	31 638	16 438	1.92	15 200	29 829	14 838	2.01	14 991
2012	37 531	19 396	1.93	18 135	35 663	18 509	1.93	17 154	33 587	16 737	2.01	16 850
2013	41 143	21 578	1.91	19 565	38 999	20 587	1.89	18 412	36 946	18 643	1.98	18 303
2014	46 677	23 560	1.98	23 117	41 731	22 266	1.87	19 465	39 483	20 133	1.96	19 350
2015	50 390	25 580	1.97	24 810	45 129	24 155	1.87	20 974	42 710	21 912	1.95	20 798
2016	54 341	27 691	1.96	26 650	48 628	26 158	1.86	22 470	46 058	23 780	1.94	22 278
2017	58 806	29 977	1.96	28 829	52 659	28 358	1.86	24 301	49 955	25 835	1.93	24 120
2018	63 500	32 400	1.96	31 100	56 989	30 787	1.85	26 202	54 000	28 014	1.93	25 986

备注:① 是城镇居民人均可支配收入;② 是农村居民人均纯收入;③ 是城乡收入比;④ 是城乡收入差。

资料来源:苏州、无锡、常州统计年鉴(1986—2019)。

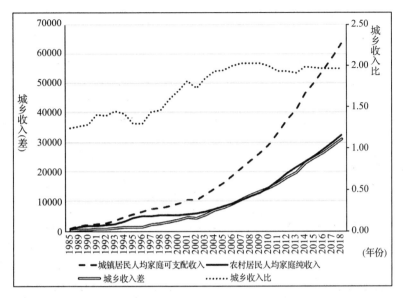

图 4-4　苏州市城镇居民与农村居民收入及差距（1985—2018）

资料来源：苏州市统计年鉴（1986—2019）。

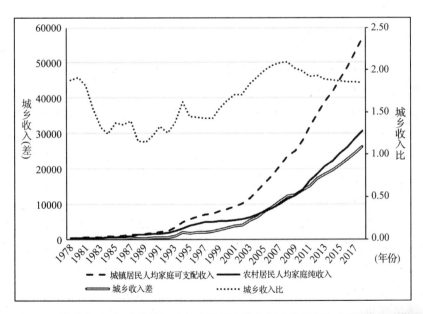

图 4-5　无锡市城镇居民与农村居民收入及差距（1978—2018）

资料来源：无锡市统计年鉴（1986—2019）。

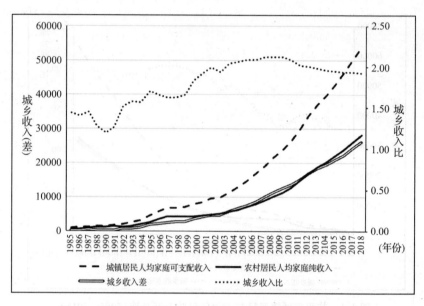

图 4-6　常州市城镇居民与农村居民收入及差距(1985—2018)

资料来源:常州市统计年鉴(1986—2019)。

4.3.2　城乡社会差异

城乡差异除了收入上差距很大之外,在社会认同、社会权益方面由于城乡二元结构也造成事实上的差距。

国家层面的户籍制度改革虽然降低了农业户口向非农户口的转移门槛,同时又逐渐弱化城乡户籍权益差异,但从总体上看,目前农业户口向非农业户口转移大多集中于进城务工人员,对于大多数农村户籍人口而言,农业户口和非农业户口还存在很大的权益差异。

(1)住房权益差异

新中国成立后城镇住房采用的是计划经济时代特有的实物分配制度即福利分房政策,国家利用人们劳动剩余价值的一部分由各企事业单位建房,然后按照级别、工龄、年龄等条件进行分配。这种福利分房政策在新中国成立后对于稳定企事业单位工作人员的工作情绪起了十分重要的作用。

改革开放后,传统的福利分房制度已经不能适应经济和社会发展的要求,有些部门利用手中的职权,占有更多的资源,而且容易滋生权力腐败,普通老百姓的住房需求得不到满足,因此国家开始探索住房制度改革。

1980 年 6 月,中共中央、国务院批转《全国基本建设工作会议提纲》中提出准许私人拥有自己的住房,拉开了中国城镇住房制度改革的序幕。1979—1985年间住房政策的重点是试售住房,包括全款购房和补贴购房,当时由于人民群众收入较低,基本无法承担全款购房要求,因此全款购房被补贴购房替代。1982年,国务院批准郑州、沙市、常州和四平四个城市为试点,实行补贴购房政策,个人购房支付1/3的房款,其余2/3由地方政府补贴。由于地方政府财政支出压力过大,补贴购房政策在1985年被取消。1988年国务院提出以住房商品化为住房制度改革目标。1998年7月,国务院下发《关于进一步深化城镇住房制度改革加快住房建设的通知》,正式实行货币化分房的住房分配政策。

对于城镇居民来说,住房制度经过实物分房、补贴买房、补贴租房以及货币买房的住房公积金制度的支持,取消福利分房后,还在经济适用房、廉租房租用政策等方面享受到一定程度的优惠。随着住房制度改革的深入,住房财产收益得以极大提高,也丰富了城镇居民的财产收入。而农村居民虽然拥有自己的宅基地,但是建设自己的住房费用完全自筹,新中国成立以后还没有任何有关农民建房的补助及规定。根据有关法律规定,农民宅基地不得非法转让,更不允许城镇居民到农村购买农民的宅基地和住房,农民无法通过市场经济实现自己住房的财产增值。

农村居民住房完全自己建设,享受不到任何补贴,同时也失去了交易自己住房的权利,作为农民财产性的住房,由于集体土地性质,无法参与城镇空间生产。

(2)社会保障权益差异

第一,城乡社会保障制度模式及依赖路径差异。

中国城乡社会保障制度沿着不同的制度模式和路径演化。城镇社会保险制度与城市的工业发展、计划经济时代的分配制度相关,经历劳动保险制度、国家责任性企业保障制度、企业责任性企业保障制度和社会保障制度四个阶段。城镇居民可以依靠国家或者企业进行保障,农村社会保障基本依靠农民自己负担。

20世纪90年代以后,农村部分富裕地区开始养老保险试点,但范围很小,基本依靠家庭保障。1998年以后,农村合作医疗试点开始,进入新的家庭保障与国家救助阶段,国家在医疗方面给予一定的补助。2009年,根据党的十七大和十七届三中全会精神,国务院决定,从2009年开始开展新型农村社会养老保险试点,初期试点范围占全部农村人口的10%左右,新型农村社会养老保险(简称新农保)是以保障农村居民年老时的基本生活为目的,建立政府补贴、集体补助、个人缴费相结合的筹资模式,养老待遇由个人账户与社会统筹相结合,与土地保障、社会救助、家庭养老等其他社会保障政策措施相配套,由政府组织实施的一项社会养老保险制度。农村社会保障制度开始进入"个人 + 集体 + 国家"

共同保障模式,缩小城乡社会保障差异。

苏锡常在城乡社会保障方面基本实现全面覆盖,但是社会保障水平城乡之间依然存在差异。

第二,社会保障水平差异。

以医疗保险为例,中国医疗保障保险包括城镇职工医疗保险、城镇居民医疗保险和新型农村合作医疗保险。城镇职工医疗保险的前身是公费医疗体系,1998 年开始改革成医疗保险制度,基本覆盖全体在职职工和退休人员,实行单位缴纳和个人缴纳相结合,因而保障权益和报销比例最高,可以达到 90% 以上;对于城镇儿童、学生以及非职工自愿参加人员实行城镇居民医疗保险,采取个人缴纳和国家补助的形式;2003 年开始实施试点,2010 年全面覆盖的新型农村合作医疗保险制度基本保障农村居民"病有所医",国家也实行对大部分费用进行补助尤其是对于中西部地区实行更多补助的方式,一定程度上解决了农村"看不起病"的问题。但是新型农村合作医疗保险报销比例不但与职工医疗保险无法相比,而且与城镇居民医疗保险相比,比例也相对较低(表 4-5)。

表 4-5　苏锡常城乡医疗保险差异

类别	城镇职工医疗保险	城镇居民医疗保险	新型农村合作医疗保险
适合人群	企业、机关、事业单位、社会团体、民办非企业单位及职工	不属于城镇职工医疗保险制度覆盖范围内的中小学阶段的学生(包括职业高中、中专、技校学生)、少年儿童和其他非从业城镇居民都可自愿参加城镇居民医疗保险	以家庭为单位的农村居民
开始时间	1998 年	2007 年	2003 年试点,2010 年全部覆盖
费用补助及缴纳	用人单位按本单位从业人员月平均工资的 5% ~ 7% 缴纳,从业人员缴纳本人月工资的 2%	560 元/年,其中:学生、儿童 100 元/年,非从业城镇居民 560 元/年(个人 330 元,政府补助 230 元);70 岁以上老人 560 元/年(个人 120 元,政府补助 440 元);重度残疾、低收入家庭成员等政府全额补助	410 元/年,其中个人 90 元,政府补助 320 元

续表

类别	城镇职工医疗保险	城镇居民医疗保险	新型农村合作医疗保险
报销比例	门诊起付1 800元,报销90%以上;住院起付标准1 300元,报销90%以上	一级医院:不设起付标准,报销比例65%(其中普通城镇居民60%);二级医院:起付标准300元,报销比例60%(其中普通城镇居民55%);三级医院:起付标准500元,报销比例50%(其中学生儿童55%)	起付线:一级医院100,二、三级不设起付标准;报销比例:一级医院:65%;二级医院:5 000元以下50%,5 000～10 000元55%,10 000元以上60%;三级医院:5 000元以下35%;5 000～10 000元40%,10 000元以上45%

资料来源:作者根据相关资料整理。

（3）失地农民的权益保障

随着城镇化的快速发展,城市建成区面积的蔓延扩张,城市建设用地越来越不适应城镇化的发展,农村集体用地通过征用进入市场,农民通过土地换取住房、现金或其他社会保障,但自己永远失去了土地。据有关统计,2014年我国失地农民数量达到1.12亿,2015年新增260万失地农民。[①]苏锡常城镇化的快速发展,产业园区和国家高新区的先后建立,城市建成区面积极速扩大,导致失地农民数量越来越多。失地农民虽然能从城镇化过程中获取一定的经济补偿,甚至个别城郊拆迁农民凭此变成千万富翁,但大部分失地农民除了获得一些经济补助和与城市市民不一样的社会保障,除此以外一无所有。从社会群体上看,失地农民属于社会弱势群体,在社会资源分配中处于弱势地位,失地农民不同于一般农民,后者如果失业,或者经济下行,还有农村土地可以依靠;但失地农民除了分到的住房和一些经济补贴外,缺乏工作机会,尤其是60岁以上的老人,在城市里很难找到相应的工作,只能靠很低的社保过日子,处于社会最底层。

不同于农民工的年轻和有一技之长,失地农民是被动性失地,因而在思想上和心理上准备不足,抗风险能力弱,无法与城市市民竞争工作岗位,甚至无法与年轻的农民工相互竞争,只能主要从事饭店服务员、保安、保洁、小商贩等技能要求

---

① 中国失地农民1.12亿,耕地保护迫在眉睫[EB/OL].http://finance.ifeng.com/a/20151121/14083092_0.shtml.

低的工作。20 世纪 90 年代以来,许多城市采取一次性支付补偿金的方式,让失地农民自由择业,由于社会保障普及率低,失地农民容易陷入"无业、无地、无社保"的三无境地。失地农民以自己的土地参与城镇化进程,没有享受到城镇化土地增值带来的收益,却承担了失业无保障的社会风险,地方政府如何制定相应的制度和政策,以保护失地农民的合法权益,将是一项长远而重要的任务。

（4）农村社会空心化

农村社会空心化是由于城镇化发展导致农村人口大量流向城市,农村社会经济退化,人口集中在"老""少""女"三类人群的情况。农村社会空心化首先体现在农村从事农业劳动的人群中老人占比重过大,全国农业从业人口中 50 岁以上的占 32.5%,其中某些中西部地区,据专家估计有 80% 的农民是 50 岁以上的老人。① 其次,农村社会空心化体现在农村有大量留守儿童,他们缺乏父母的关爱。研究报告显示:2000 年,全国有留守儿童 2 290.45 万,其中 1 980 万是农村留守儿童;2004 年,全国有 5 800 万留守儿童,其中 4 000 万是 14 岁以下儿童;2011 年农村留守儿童依然有 2 200.32 万,其中小学生 1 436.81 万,初中生 763.51 万。②

苏锡常地区相对于全国其他地区发展更早,发展更快,城镇化水平更高,农村早已经成为老年人集聚的空间。农村社会空心化导致农村土地抛荒或者粗放经营,留守人口规模扩大,劳动人口数量和素质下降,宅基地空置,形成"空心村"。社区治理水平低下,发展落后。

4.3.3 城乡政治权利差异

政治权利平等是建设和谐社会主义国家的基本要求。其中选举权和被选举权作为最基本的政治权利,《宪法》给予了农民与其他社会群体这项平等的权利。但由于农民的社会文化素质不高等各方面原因,我国一直实行按比例配置选举权的制度。我国第一部《选举法》规定,在选举全国人大代表时,农村每一位代表所代表的人口数是城市每一位代表所代表的人口数的 8 倍;在选举省、县人大代表时,则分别是 5 倍和 4 倍。就选举权而言,城乡居民在法律上是不完全平等的。1979 年颁布的我国第二部《选举法》规定,城乡居民每一位代表所代表的人数没有任何变化。1995 年我国第三次修改现行《选举法》时,农村选民的选举权被统一规定为城市选民选举权的 1/4,虽然与以前相比有所变化,但

---

① 空心化的农村如何"养活中国?"[EB/OL]. http://finance.people.com.cn/GB/17431676.html.
② 刘彦随.中国乡村发展研究报告[M].北京:科学出版社,2011:32-96.

依然存在不平等情况。中共十七大报告中提到"逐步实行城乡按相同人口比例选举人大代表",标志城乡选举权开始迈向平等的第一步。2010 年 3 月 14日,第十一届全国人大第三次会议对 1979 年《全国人民代表大会和地方各级人民代表大会选举法》做了第五次修正,此次修正最引人瞩目之处是废除了 1995年《选举法》中原有的"四分之一条款",而改为城乡按同一人口比例计算各级人大代表名额。

城乡居民享有平等选举权,有利于保障包括广大群众能切实依法行使选举权、知情权、参与权、监督权等民主权利,具有重要意义。

中共十八大以来,我国要建立城乡一体的和谐社会,城乡政治权利平等是最基本的基础要求。只有保证政治权利平等,才能保证城乡社会空间平等。

福柯认为,空间既是权力运作的基础,空间本身又是一种权力运作机制。列斐伏尔指出,社会政治矛盾在空间中展示出来,也只有在空间中,这种矛盾和冲突才能有效地展现出来(Lefebvre,1991)。① 空间不仅仅是地理学的重要概念,也是反抗行动的一个重要维度,反抗行动通过空间生产出来,空间维度占据反抗行动最有力量的位置,这就形成了反抗的空间性。

4.4　城市二元结构矛盾

2012 年李克强在《求是》杂志上发表的《在改革开放进程中深入实施扩大内需战略》一文中提出:在城乡二元结构没有得到根本改变的同时,城市内部"二元结构"现象又在显现,包括城镇居民与进城农民工及其家属之间在生产生活条件上形成的差异,也包括城镇历史遗留的棚户区困难群众与大多数市民在居住条件上的差异。② 城市二元结构的形成主要由于户籍身份差别;制度因素和社会因素造成的收入差距加大;社会分化日趋加剧的两大阶层:城市居民和农民工,两者在收入、就业、住房、公共服务、社会保障等方面存在显著差距,使两大阶层固化。③ 从苏锡常城镇化率水平看,截至 2017 年年底,苏锡常的城镇化率达到 70% 以上,这种城镇化率是常住人口的城镇化率,而真实的户籍城镇化率没有达到这个水平,比如流动人口最多的苏州,2017 年户籍城镇化率为

①　Lefebvre, Henri. The Production of Space[M]. Oxford; Cambridge, Mass: Blackwell. 1991:52-53.
②　李克强. 在改革开放进程中深入实施扩大内需战略[J]. 求是杂志,2012(4):3-10.
③　左雯. 城市内部二元结构的成因及化解路径[J]. 城乡建设,2015(8):49-51.

64.7%,比常住人口城镇化率75.5%低了超过10个百分点,流动人口仍占很大比例,尤其是苏州大市流动人口在2014年、2015年、2016年均超过户籍人口,占50%以上(表4-6)。但是苏锡常城市中的大部分流动人口不能完全享受城市居民的各项权利,包括医疗、教育和社保等方面的权益。

表4-6　苏锡常城市户籍人口与流动人口(2010—2017)

年份	苏州			无锡			常州		
	户籍人口	流动人口	总人口	户籍人口	流动人口	总人口	户籍人口	流动人口	总人口
2010	637.8	539.1	1 176.9	466.56	171	637.56	360.8	133.4	494.2
2011	642.3	409.6	1 051.9	467.96	175.26	643.22	362.9	133.1	496.2
2012	647.8	407.1	1 054.9	470.07	176.48	646.55	364.8	155.2	519.8
2013	653.8	653.9	1 307.7	472.23	176.18	648.41	365.9	103.3	469.2
2014	661.1	698.9	1 360.2	477.14	172.87	650.01	368.6	101.1	469.6
2015	667.0	698.1	1 365.3	480.91	170.20	651.10	370.9	99.2	470.1
2016	678.2	697.6	1 375.1	486.22	166.70	652.90	374.9	95.9	470.8
2017	691.0	377.4	1 068.4	493.05	162.25	655.30	378.8	92.9	471.7

注:此处统计的流动人口是指非户籍人口。

资料来源:苏州、无锡、常州统计年鉴(2010—2017)。

(1)农民工身份缺乏社会认同

农民工是中国特色的一个阶层,处于农村和城市的夹缝,一方面由于其大部分时间在城镇工作,形成事实上的"城市常住人口"(不是城市市民);另一方面由于户籍的限制,其在医疗、教育、社保等方面基本与农村居民一致,形成"夹心层"。农民工虽然与市民同居于城市,但两大社会群体之间存在无形的壁垒,日常生活中处于不同的两个世界。2018年,全国总就业人数为77 586万人,其中农民工28 836万人,占总就业人数的37.2%,外出农民工就业人数为17 266万人,增长0.5%,本地农民工就业人数为11 570万人,增长0.9%,农民工成为一大特殊群体。①

列斐伏尔认为:"现代技术以异常寻常的方式渗透到日常生活中,因此它也以同样的方式将不平衡发展引入这个滞后的领域,而不平衡发展是我们的时代

---

① 2018年国民经济与社会发展统计公报[EB/OL]. http://www.stats.gov.cn/tjsj/zxfb/201902/t20190228_1651265.html.

特征,它表现在各个方面。"不平衡发展体现于日常生活中,体现于上学、看病、住房甚至选举中。城市居民和农民工在社会生活与工作中有必要的互动,但是仅仅停留在表象层面,实际上是一种水和油的关系,处于严重的隔离状态。除了极少数农民工通过买房获得城市居民户籍外,绝大多数农民工只是"候鸟群体",往返于城乡之间,推动城市化进程,为城镇化建设做出巨大贡献,但是他们在城市是异类,子女没有在城里接受良好教育的权利,也无法享受城市的医保和其他社会保险,虽然农民工是正式工人,但由于主要从事于建筑业、服务业等产业,缺乏正式的劳动合同,因而社会保障缺乏,从而在心理上也形成障碍,无法与城市居民互相认同、适应与融合。

(2) 农民工社会保障缺乏

根据黄润龙对苏锡常农民工社会保障的调查,苏锡常农民工就业劳动合同签订率低;参加医疗、养老、工伤、失业和生育保险的比例低,大部分农民工没有参加任何社会保险;工作时间长,农民工的月收入仅相当于本地居民的60% ~ 80%。[1]

新型城镇化背景下苏锡常城乡一体化发展,城乡社会保障基本一体,但是仅仅限于本地农村居民,实际参保人员主要是本地户籍人口,外地流动人口的养老、医疗、工伤、失业和生育保险参保率较低(表4-7)。

表4-7 苏州市2011—2017年城镇居民参保情况   单位:万人

社会保障	年份						
	2011	2012	2013	2014	2015	2016	2017
养老保险	388.44	472.88	492.44	506.06	511.57	520.68	548.63
医疗保险	437.60	541.56	570.48	593.94	611.72	635.09	688.31
失业保险	282.10	375.74	383.78	400.93	423.54	446.62	464.57
工伤保险	320.35	404.07	408.36	418.88	426.25	439.30	473.26
生育保险	322.11	403.97	421.27	431.90	437.26	450.76	490.35

资料来源:苏州市统计年鉴2018。

本次调查结果显示:16%的流动人口没有参加医疗保险,流动人口参加所工作城市的城镇职工与居民医疗保险比例仅占36.8%,工伤保险参与率最低,仅为35.9%。调研中苏锡常流动人口三大保险参加率低,验证了本书的基本判

---

① 黄润龙.苏南农民工社会保障的实证研究[J].市场与人口分析,2007(6):32 – 37.

断(表4-8)。

表4-8　苏锡常流动人口三大保险参与率及住房情况调查结果

社会保障	种类	比例/%
医疗保险	未参加	16
	城镇职工医疗保险	30
	城镇居民医疗保险	6.8
	家乡新农合医疗保险	31.2
	家乡城镇居民医疗保险	16
养老保险	未参加	49
	城镇职工养老保险	19.5
	城镇居民养老保险	4.2
	家乡新农合养老保险	24.1
	家乡城镇居民养老保险	3.2
工伤保险	未参加	64.1
	参加	35.9
住房	简易住房	18.4
	合租	38.3
	单位提供	24.6
	自己拥有	18.7

资料来源:根据作者2016年组织的苏锡常实地问卷调查。

(3) 农民工住房条件差,无法享受保障性住房

本次调查结果显示(表4-8),苏锡常流动人口中简易住房占18.4%,合租占38.3%,单位提供住房占24.6%,自己拥有住房仅占18.7%。流动人口中农民工主要是居住在简易住房和单位提供的宿舍。经过对苏锡常5处建筑工地调查,笔者发现农民工住房基本免费,但是居住在工棚,人多拥挤,人均占有面积少,居住环境和卫生环境很差;龚敏健对苏州外来人口的调查显示,苏州外来人口中,租赁是其主要居住方式,其中合租占25.0%,独租占38.7%;其次为单位宿舍,占30.9%;自购比例仅占5.5%。住建部门估计,农民工租房比例占60%,单位提供宿舍(简易工棚)占30%,自购比例不足5%,投亲靠友等方式占5%。[①]

---

① 龚敏健.苏州市外来人口居住特征和满意度及影响因素研究[D].华东师范大学硕士学位论文,2010.

4.5　城市空间的蔓延

城镇化的发展带来中国城市空间的蔓延与扩大,大都市区以及城市群空间拓展更快,北京、广州、上海等一线城市,南京、杭州、西安、苏州等省会以及地级市建成区面积从新中国成立到现在,规模扩张了 20～50 倍,苏锡常三市 2016 年的建成区面积分别比 1952 年扩张 24.5 倍、11.73 倍和 17.65 倍(表 4-9、图 4-7)。

表 4-9　苏锡常城市空间扩张(1952—2017)　　　　　单位:平方千米

城市	年份											增加的倍数
	1952	1978	1997	2003	2005	2007	2009	2011	2013	2016	2017	
苏州	19.2	26.6	70.2	129.1	195.0	228.5	324.3	336.0	441.3	461.7	473.3	24.65
无锡	28.3	56.3	116.7	156.3	193.1	203.2	217.0	289.1	325.1	332.0	338.4	11.96
常州	14.8	24.4	68.1	92.1	104.3	112.5	133.9	173.0	185.7	261.2	265.6	17.95

资料来源:苏州、无锡、常州历年统计年鉴。

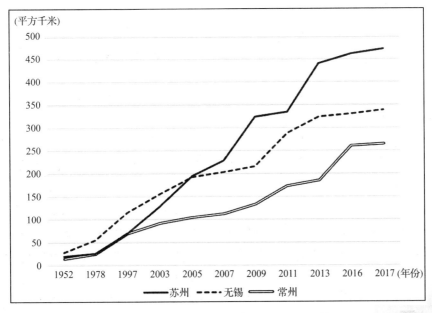

图 4-7　苏锡常建成区面积变化(1952—2017)

资料来源:苏州、无锡、常州历年统计年鉴。

　　"冒进式"城镇化超过了正常的城镇化轨道,虽然从建成区面积和人口城镇化率来看,建成区面积与城镇化率表现出一定的相关性,2017年苏锡常城镇化率分别达到75.5%、75.8%和71%,城镇化水平接近发达国家水平,但这些城镇化率是按照常住人口进行统计,只是统计学意义上的城镇化率,其中户籍人口的城镇化率低于该数字,出现中国特色的"伪城镇化"和"半城镇化",其中许多流动人口无法享受城镇化带来的发展空间。

4.6　本章小结

　　城镇化是社会过程的产物,伴随资本积累造成城市空间生产的对立、冲突和紧张,城市是城市化的产物,城市空间通过资本扩张进行修复,城市空间的修复与调节成为资本积累和调节社会关系的工具,城乡空间重构与资本密切相连,从而造成城乡权利差异、社会不平等,进而形成城乡社会空间矛盾,城乡空间矛盾又与权力因素密切联系。

　　苏锡常城乡社会空间矛盾与城镇化进程密切相关,苏锡常城镇化进程经历改革开放前的缓慢城镇化阶段、1979—2012年的快速城镇化阶段和2013年之后的新型城镇化阶段。缓慢城镇化阶段更多体现权力对农村人口流入城市的控制;快速城镇化阶段,空间关系紧张,经济利益冲突加剧,权力与资本共同控制城乡空间生产,形成城乡社会空间矛盾。

　　城乡社会空间矛盾体现在城乡二元结构矛盾、城市二元结构矛盾和城市空间的无序蔓延、环境污染等方面。

　　苏锡常城乡二元结构矛盾体现在城乡经济差距、城乡社会差异和城乡政治权益差异等方面。其中城乡社会差异最为明显,在住房权益、社会保障权益、失地农民权益和农村社会空心化方面表现突出。

　　苏锡常城市二元结构主要体现在城市户籍人口与流动人口之间的权益差异。相对于苏锡常城乡二元结构而言,城市二元结构尤为明显,作为流动人口占比最高的农民工身份缺乏社会认同,其社会保障权益缺乏,住房条件差,无法享受到保障性住房。

　　城市空间的无序扩张表现为城市物质的空间扩张,相对于人口增长率而言,苏锡常城市建成区面积增长率远远超过人口增长率,城市面积的扩张同时带来土地的浪费,城市生态环境出现危机。

5 苏锡常城乡社会空间生产的逻辑机理研究

5.1 城乡社会空间生产分析框架

在改革开放前缓慢城镇化阶段,苏锡常城乡之间存在明显的二元结构,在政府计划经济的权力逻辑下,城市通过对农村的剥夺获得发展的经济动力,农民由于户籍制度的限制被牢牢固定在农村土地上,农民无法参与城市空间生产,城市居民通过计划配置的方式参与城市空间生产,其居住空间通过国家配给的形式给予配置。相对而言,虽然城乡之间存在鲜明差异,但经济差异不太明显,更多体现为政治及社会权利的差异。

改革开放后,国际资本开始进入,资本作为主要的参与形式,开始参与城乡空间生产。计划经济开始向有计划的商品经济以及社会主义市场经济转变,中央政府开始分权,地方政府获得经济发展的动力。"以经济建设为中心"成为立国之本,地方政府企业化,经济驱动成为地方政府唯一的动力。计划经济时代基本无偿划拨的土地开始进入交换领域,进入城市空间生产中,城市土地开始资本化。分税制改革使中央政府财权上收,事权下放,地方政府财权减少,事权增加。中央政府为平衡地方财政,将地方土地出让收入划给地方政府。为获得更多的财政收入,土地作为空间生产的主要对象,成为地方政府财政收入的主要来源,城市土地资源的稀缺导致地方政府开始将目光瞄准农村集体用地。农村集体用地通过征用变成国有用地,进入空间生产,但是农民很少参与这一空间生产过程,城乡差距由此进一步拉大。住房制度改革实施,住房不仅具备使用价值,而且具备极大的交换价值。随着经济的发展,房地产在经济中的地位越来越高,地方政府GDP与房地产的相关度越来越大。同时,地方政府利用土地收入或者用土地作为抵押,将资金投入医院、学校、公路、铁路、机场等基础设施建设中,完成对城市建成环境的投资,进入资本的第二级循环,形成城镇化的资本逻辑(图5-1)。苏锡常快速城镇化形成的城市空间蔓延、城乡污染严重、城乡差距加大是第一空间的体现,即空间的实践。城中村改造、城市规划修编、城市规模扩大等属于空间的再现,是规划师、城市学家以及政要的空间,通过符号(摩天大楼、拆迁小区、安居小区、豪华别墅)等人为控制空间的生产,这些"符号"无不体现权力和控制。农村居民的生产空间缺乏统一的规划,由于人口的流失,农村的符号元素逐渐缺失,农村已经变成许多农民工的精神空间。作为城市的边缘人,大多数农民工由于户籍以及经济实力的原因而在城市无法找到寄居的符号,彻底变成城乡之间的摇摆人。

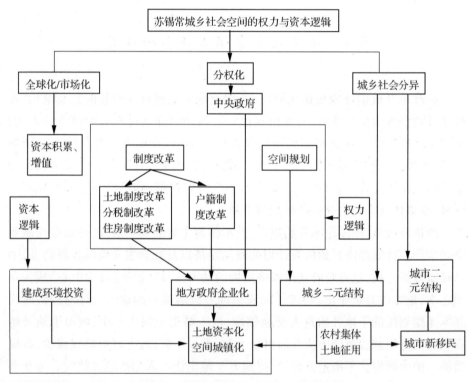

图5-1 苏锡常城乡社会空间分析框架

资料来源:作者自绘。

城乡空间社会关系不是简单的城市与乡村二元关系,不仅仅在社会关系上存在城市空间、乡村空间以及城乡空间,而且在实践上存在三类人群的社会关系,即城市市民、农民和农民工,从而形成城乡二元社会空间结构和城市二元社会空间结构。所以要从空间的角度关注城乡差异、城乡的边缘人群(农民工及城市失地农民),从不同人群的实际空间需求入手,关注各类人群的空间政治权利,归还他们真实与象征性被压迫空间的权利。

空间是一种反抗与解放的手段,当某一主体由于特定的目的而占用了某一空间,那么,由于空间区位的唯一性,这一空间所牵涉的社会关系和社会特性也会发生变化。城郊农民土地被征用造成失地农民群体的空间被资本占有,因而其自身的社会关系(由农村变成城市)和社会特性(农民变成市民)发生变化。但受教育水平等因素决定这种新型的社会关系不稳固,这造成失地农民进城"返贫",不但丢失了农村的社会空间,而且融入不了城市的社会空间,他们被称为城市的"新型边缘人"。

5.2　城乡社会空间生产的权力逻辑

权力是一种社会关系,从宏观权力角度看,马克思认为,权力的根本目的是为经济服务,是维护生产关系的工具[1],成为进行社会整合、缓和冲突和维持社会正常秩序的必要手段[2]。福柯主要从微观权力视角认识空间生产的权力,他认为,空间乃权力、知识等话语转换为实际权力关系的关键。[3] 空间是任何权力运作的基础。空间与权力相互建构,一方面,空间本身就代表权力,空间权力是最重要的权力;另一方面,权力通过城市空间与乡村空间发挥作用,空间是权力的载体,城乡空间不平等体现为权力的不平等。[4] 福柯从疯人院、监狱等微观空间视角来考察权力与知识的关系,他认为现代权力是以"规训权力"来运作的,人们通过监视(控制)、正规评价(规范化裁决)和检查(有效识别与描述)来实现权力。[5]

在苏锡常城乡社会空间生产过程中,中央权力与地方权力在不同城镇化阶段发挥不同的作用,但两者一直主导着整个苏锡常城乡社会空间生产的过程(图5-2)。

---

① 刘军.从宏观统治权力到微观规训权力——马克思与福柯权力理论的当代对话[J].江海学刊,2012(1):67–71.

② 冯志峰.马克思主义权力观:理论内涵与中国语境[J].广州社会主义学院学报,2011(2):39–40.

③ 曹海军,孙允铖.空间、权力与正义:新马克思主义城市政治理论评述[J].国外社会科学,2004(1):16–23.

④ 刘昭,曹康.权力与规划——空间生产理论权力视角下城乡规划发展研究[J].华中建筑,2015(9):43–46.

⑤ 乔晋燕.从《规训与惩罚》浅析规训权力[J].改革与开放,2009(8):39–40.

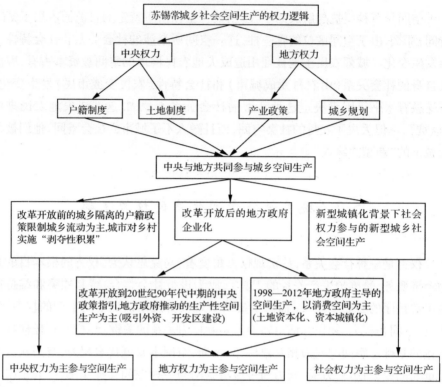

图5-2 苏锡常城乡社会空间生产权力逻辑(作者自绘)

资料来源:作者自绘。

5.2.1 中央权力控制下的户籍制度

户籍制度作为中国社会的一项重要制度安排,起始于20世纪50年代,国家通过严格的户籍管理区分农业人口和非农业人口,不同的人口类别享受不同的社会待遇。这种城乡空间隔离的户籍制度虽然在社会主义发展初期的工业化进程中起到很大的作用,但作为一种社会制度安排,人为地将人群进行等级划分,造成农业人口和非农业人口在教育、医疗、就业、社会保障等方面巨大的权益差异,形成中国城乡社会空间的不公平,成为产生城乡社会空间矛盾的根源。

(1)户籍制度的含义

户籍制度是国家机关依法对所辖区范围内人口的出生、死亡、迁徙、婚姻、住址及亲属关系等信息进行调查、登记、申报,并按一定原则进行管理的户口管理制度。① 户籍制度是国家行政管理制度的重要组成部分,同时也是国家管理

---

① 朱识义.户籍制度与农村土地制度联动改革[M].北京:法律出版社,2015:19.

制度最根本部分,国家通过户籍制度了解人口信息,便于制定有关人口的政策,同时也有利于公民参与社会活动。户籍制度本身并没有公平与否之分,但是如果户籍制度与有关权益的分配结合,从而在不同人群之间造成权益差异,就会造成不同户籍人员事实上的不公平。户籍权益指只有户籍身份的人享受的权益,没有户籍的人就没有此项权益。户籍权益包括教育、医疗、就业、社会保障等方面的权益。[①]

(2)改革开放前的城乡分离的户籍制度

新中国的户籍制度开始于由中国人民政治协商会议第一届全体会议通过的《共同纲领》,《共同纲领》规定迁徙自由是公民的 11 项基本权利之一。当时不存在城市人口与农村人口差异,人口可以自由迁徙和流动。

1950 年 11 月,第一次全国治安行政工作会议指出,城市户籍制度管理工作的任务是保证居民居住和迁徙自由。1951 年 7 月政务院批准公安部颁布实施《城市户口管理暂行条例》,目的是维护社会治安,保障人民迁徙自由。当时的户口管理制度没有强制限制人口迁徙。因为城市生活生产物资丰富,就业机会多,大量农民流动到城市,造成城市住房、交通、就医、就业等方面的问题和矛盾日益严重。1953 年政务院发布《关于劝止农民盲目流入城市的指示》,开始限制迁移尤其是农民户口迁移到城市,权力限制迁移自由开始出现萌芽。

1954 年,我国第一部《宪法》保证了公民的迁徙自由权利。同年为加强对农村人口的统计工作,开始建立农村户口登记制度。城市户籍归公安部主管,农村人口归内务部主管。这是城乡户籍分离的开始,但两者在权益差异上还没有明确。

1956 年 1 月,农村人口户籍管理工作移交公安机关,全国城乡户籍管理组织机构实现了统一。1955 年 3 月到 1957 年 12 月,内务部、国务院、公安部相继发布《关于户口迁移的注意事项等联合通知》《建立和健全农村户口管理工作等几个问题》《关于防止农村人口盲目外流的指示》《关于防止农村人口盲目外流的补充指示》《关于制止农村人口盲目外流的指示》等一系列文件和通知,要求相关单位不得擅自招用工人或临时工。严格限制农民入城,事实上已经在城市和农村之间构建了堤坝,人为隔离了城市和农村。

1958 年《中华人民共和国户口登记条例》第一次以法律的形式限制了农民迁移到城镇,否定了《宪法》赋予公民自由迁移的权利,确立了城乡二元户籍制度,形成城乡空间分离。户籍制度真正成为阻碍城乡公平空间生产的栅栏,城

---

① 马福云. 户籍制度研究:权益法及其变革[M]. 北京:中国社会出版社,2013:114.

乡空间彻底割裂。户籍制度成为城乡空间生产"权力逻辑"的基础,通过"权力"限制不同人群的"空间权利"。

1975 年 1 月,经过长达 17 年的法律缺位,全国人大通过《宪法》修正案,正式取消了"中华人民共和国公民有居住和迁徙的自由"的条款,终于从最高法《宪法》条例上明确取消公民迁徙自由的权利。这些权利目前还没有恢复和得到重新承认,作为 21 世纪的全球大国,我国公民公平参与城乡空间生产的权利还没有得到《宪法》承认,不得不说这是一大遗憾。

(3)改革开放后的户籍制度

1978 年改革开放后,农村生产力得到快速提高,出现了大量剩余劳动力。由于城市对农村户口的限制,农民进城存在许多制度方面的障碍,中国创造性地发展乡村工业或乡镇企业,既吸收了大量农村剩余劳动力,又不对城市造成压力,形成中国特色的"离土不离乡,进厂不进城"的中国乡村工业模式。

① 自理口粮的户籍政策。乡镇企业的发展,大量农村剩余劳动力在中小城镇进行工、商、服务业等活动,事实上已经离开农村,在城镇定居,但他们在粮油供应、子女教育以及住房等方面无法享受城镇居民待遇,这客观上阻碍了农村人口融入城镇。1984 年国务院发布《关于农民进入集镇落户问题的通知》规定,在城镇有固定住所以及经营能力的农民,可以获得《加价粮油供应证》,统计为城镇户口。地方政府在买房、租房、建房等方面为他们提供方便。

改革开放后,苏锡常乡镇企业特别发达,其发展模式成为闻名全国的"苏南模式"。乡镇企业的发展使一部分农民进入集镇参与工商业经营,苏锡常开始实施自理口粮的户籍政策。自理口粮户口政策主要限制在县以下集镇,虽然这些进入集镇的农民在身份上属于非农业户口,但是在粮油供应上,他们只能享受高价粮油,不能享受平价粮油,同时,在住房等方面他们享受不到非农业户口的福利分房等政策,在教育以及医疗方面也存在权益差异。所以这种户口政策是对传统二元户籍制度的一种修补,这类人员仅仅是统计学意义上的非农业人口,但就农民而言,至少解放了农民自身,给了农民相对的迁徙自由,并且能享受部分权益,这是户籍制度管理上的一大进步。苏锡常地区的这些自理口粮户口介于城市户口和农村户口之间,处于城市空间与乡村空间的第三空间,是农民进入城市的主要路径之一。它处于城市边缘,同时与城市和乡村存在差异,蕴藏巨大的潜能,是乡村城市化的主要体现,同时该空间又是人为创造出来的空间,在特定历史时期,强调某种共同认同,并在空间生产(乡镇工业)上采取空间行动,以便进入和融入城市空间。

② 流动人口的居住证制度。改革开放的持续进行,中国工业化的发展需要

大量廉价劳动力。大量流动人口向城市迁移,一方面对城市交通、住房、管理等带来压力;另一方面,又弥补了城市劳动力,特别是廉价劳动力的不足,为城市工业化提供大量的要素供给。

国家层面开始正视并重视农村人口的流动。1994年11月劳动部颁发《农村劳动力跨省流动就业管理暂行规定》要求被城镇有关单位雇用的农村劳动者,首先在户籍所在地领取当地劳动就业服务部门颁发的外出人员就业登记卡;到达单位后,凭出省就业登记卡领取当地劳动部门颁发的外来人员就业证;证卡合一生效,变成流动就业证。

为进一步强化对流动人口管理,除了流动就业证外,无锡、苏州和常州分别于2009年、2011年和2014年推出居住证制度,对拥有房产的外来人员以及外来务工人员办理居住证,这些人员依法在子女教育、医疗、技能培训等方面享有与本地居民同等的待遇(表5-1)。

表5-1　苏州、无锡、常州居住证制度及权益

城市	时间	居住证权益
苏州	2011.4	① 按照规定依法参加社会保险并享受相关待遇; ② 按照规定安排接受义务教育的子女入学; ③ 按照规定享有计划生育、优生优育、生殖健康等服务; ④ 按照规定享有传染病防治和儿童计划免疫保健服务; ⑤ 按照规定参加职业技能培训; ⑥ 按照规定申领机动车驾驶证、办理机动车注册登记手续; ⑦ 按照规定参加居住地社区或物业服务企业的有关事务管理; ⑧ 符合户籍准入政策规定的,可以申请登记为户籍人口; ⑨ 享有本市规定的其他待遇。
无锡	2009.5	① 免费享受计划生育、生殖保健的宣传咨询服务和国家规定的基本项目的计划生育服务及孕前优生检测; ② 免费享受公共就业服务机构在规定范围内提供的职业指导和职业介绍服务; ③ 免费享受法律咨询和按照规定享受法律援助服务; ④ 享受本市户籍人员同等基本医疗卫生服务,免费享受结核病等重大传染病检查服务,并按规定免费为随行适龄儿童提供一类疫苗的接种; ⑤ 依法享受本市户籍人员同等社会保险管理和服务; ⑥ 为其随行子女向公办学校申请接受九年制义务教育; ⑦ 依照规定,申领本市机动车驾驶证、办理机动车注册登记手续; ⑧ 参加科技发明、创新成果申报; ⑨ 按照规定办理因私商务出境手续; ⑩ 参加本市有关评先评优活动; ⑪ 国家、省和本市规定的其他可以享受的权益。

续表

城市	时间	居住证权益
常州	2014.9	① 依法参加社会保险并享受相关待遇； ② 子女在本市入学接受义务教育； ③ 申领机动车驾驶证、办理机动车登记、二手车交易手续和异地检验机动车； ④ 在居住地就近申领普通护照； ⑤ 符合户籍准入政策条件的，可以申请登记为户籍人口； ⑥ 享有计划生育、优生优育、生殖健康等服务； ⑦ 按照国家、省、本市有关规定，享有建立居民健康档案、健康教育、预防接种、儿童保健、孕产妇保健等基本公共卫生服务； ⑧ 参加职业技能培训； ⑨ 依照国家、省、本市有关规定在居住地享有的其他公共服务的权利。

资料来源：作者根据相关资料整理。

③ 城镇户籍放开。2001年3月，国务院批转《公安部关于推进小城镇户籍管理制度改革意见的通知》，要求因地制宜，使小城镇的人口增长与经济建设、就业和社会保障以及其他社会事业发展协调，积极稳妥地推进小城镇户籍制度改革。小城镇户籍制度放开意味着城乡二元户籍制度开始被打破，城乡分离的社会空间结构开始重构。

④ 中小城市户籍的松动。2012年2月23日，国务院开始落实放宽中小城市和小城镇的落户条件，从而坚定推进户籍制度改革。至此，我国户籍制度改革已经拓展到地级市等中小城市，城乡二元分割的户籍制度逐步被破除，城市尤其是中小城市的户籍已经向农民以及外来人口开放。

苏锡常三市都属于大城市，其中苏州总人口超过1 000万，属于特大城市，在户籍制度改革上都实施居住证制度，并且根据各自情况，实行不同的入户条件（表5-2），苏州实行积分入户，入户要求相对最高，常州和无锡入户条件相差不大，均要求缴纳社保5年以上，并且满足租赁住房5年以上即可，大大降低了流动人口的入户门槛，保障流动人口的社会权益。

表 5-2　苏锡常最新入户条件(截至 2017 年 12 月)

城市	时间	入户基本要求
苏州	2016.1	积分入户: ① 基础分(个人情况、社保、居住情况); ② 附加分(计划生育、发明创造、表彰奖励、社会贡献); ③ 扣减分(违反计划生育政策、违法犯罪、失信行为等)。
无锡	2017.7	满足下列条件之一: ① 租赁住宅入户,缴纳社保和持有江苏省居住证 5 年; ② 住房 54 平方米以下,缴纳社保及持有江苏省居住证 2 年; ③ 住房 54 平方米以上,缴纳社保及持有江苏省居住证 1 年; ④ 人才引进入户。
常州	2014.9	同时满足下列条件: ① 有合法稳定职业,缴纳社保 5 年以上; ② 有合法稳定住所(拥有产权房或者租赁政府保障房),2017 年修改为任意租赁房,租赁 5 年以上。

资料来源:作者根据相关资料整理。

5.2.2　城乡二元的土地制度

列斐伏尔将资本主义空间与社会各种生产关系的再生产直接联系起来。资本主义的生存依赖对空间占有,在多层面上对中心和边缘进行区分,将国家的权力强行注入人们的日常生活。

社会关系的再生产必须以一种具体或人造的空间形式而得以进行。社会主义的空间生产同样需要对空间的"占有",才能通过其进行集体消费,从而影响城乡居民的日常生活空间。社会主义城镇化的空间生产过程必须依靠土地,通过土地进行空间控制。资本进入空间生产要求土地所有权的国家化,虽然资本主义国家的土地大体属于私有,无疑增加了空间生产的成本和空间摩擦,但我国城市土地国家所有、农村土地集体所有为资本城镇化提供了良好的天然土壤。

(1)城市土地制度变迁

新中国成立前实行土地私有制度,城乡土地主要被资本家和地主占有,农民和城市居民土地占有比例较小。

新中国成立初期,各城市政府首先接管了一批国民党政府所有的城市土地,没收了帝国主义和官僚资产阶级在中国占有的大批城市地产,承认城市居民、农民等私人拥有土地,形成土地国家所有和私人所有并存的形式。

1956 年,经过社会主义改造以后,一切私人土地收归国有,实现城市土地国有化。从此中国城市土地完全收归国家所有。在后来工业化大生产以及开发区建设、新城建设、城镇化等过程中,国有土地由于土地使用权转让的方便性,大大促进了我国经济的发展,为空间城镇化的"资本逻辑"提供了前提条件。

1979 年颁布的《中华人民共和国中外合资经营企业法》、1980 年颁布的《关于中外合营企业建设用地的暂行规定》指出,中外合营企业用地,都应计收场地使用费,开始了国有土地有偿使用的序幕。土地不仅仅具有使用价值,而且具有交换价值,但是仅仅限于很小范围,大部分国有企业、事业单位用地还是无偿的,不过,这为后来的土地有偿使用提供了借鉴。

直到 1987 年年底,深圳市根据《深圳特区土地管理改革方案》,冒着"违宪"的风险公开拍卖土地使用权,这是中国历史上第一次土地有偿使用,开辟了土地制度改革的先声和土地资本化的序幕。

1988 年,第七届全国人民代表大会通过《宪法》修正案,删去了"禁止土地出租"的规定,修改为"土地使用权可以依法转让";同年,《土地管理法》将国有土地的转让条例修改为"国有土地和集体所有制土地的使用权可以依法转让"和"国家依法实行国有土地有偿使用制度"。中国从法律制度上开始了土地的有偿使用,土地开始具有交换价值,作为重要的生产要素开始进入社会主义空间生产中。

1992 年,中共十四大报告提出"我国经济体制改革的目标是建立社会主义市场经济体制"。1993 年实施的分税制改革,促使地方政府大量出让土地,推进开发区与工业区建设。

在开发区的建设中,政府采用较低的地价吸引资本投资,完成资本的第一次循环,为提高土地出让效率,开始推出土地储备制度。

1996 年,上海成立了我国第一家土地储备机构——"上海土地发展中心",全国各地开始推广这一新的土地供应方式。这一土地使用制度程序是"土地收购—储备—开发—出让",从起始端控制了城乡空间生产。

2001 年 4 月,国务院颁布了《关于加强国有土地资产管理的通知》,2008 年,国务院颁布了《国务院关于促进节约集约用地的通知》,要求无论是商业用地,还是基础设施用地以及社会公共事业用地,都要采用市场化出让手段(表 5-3)。

政府通过权力控制城市土地国家所有制度和利用制度,同时采用市场化运作的拍卖形式,可以大大提高土地自身的价值,从而使土地进入资本循环。

表5-3 1949—2017年中国城市土地制度变迁

年份	法规	规定	土地制度变迁
1949—1956		没收帝国主义和官僚资本主义城市地产;承认城市居民、个体劳动者的私人土地	土地公有制与私有制并存
1956	《关于目前城市私有房产基本情况及社会主义改造的意见》	所有城市土地收归国有	土地全部公有,无偿、无限期、无流动的城市土地使用制度
1979	《中华人民共和国中外合资经营企业法》	中外合资经营企业使用土地应该缴纳土地使用费	探索土地有偿使用制度
1980	《关于中外合营企业建设用地的暂行规定》	中外合营企业使用土地时应缴纳土地使用费	土地有偿使用制度在中外合营企业中实行
1987	《深圳特区土地管理改革方案》	公开拍卖土地使用权,这是中国历史上第一次土地有偿使用	开辟了土地制度改革和土地资本化的序幕
1988	《宪法》修正案	删去了"禁止土地出租"的规定,修改为"土地使用权可以依法转让"	宪法规定土地使用权可以依法转让
1988	《土地管理法》	国有土地和集体所有制土地的使用权可以依法转让、国家依法实行国有土地有偿使用制度	从法律上规定实行国有土地有偿使用制度
2001	《关于加强国有土地资产管理的通知》	大力推行土地使用权招标、拍卖	土地开始招标、拍卖
2002	《招标拍卖挂牌出让国有土地使用权规定》	商业、旅游、娱乐和商品住宅等经营性用地要以招标、拍卖、挂牌方式出让国有土地使用权	经营性土地必须招标、拍卖、挂牌
2003	《协议出让国有土地所有权规定》	要求土地协议出让必须公开和引入市场竞争机制	土地协议出让引入市场机制
2006	《关于加强土地调控有关问题的通知》	工业用地必须采用招标、拍卖、挂牌方式出让	工业化用地使用招标、拍卖、挂牌制度
2007	《中华人民共和国物权法》	工业、商业、旅游、娱乐和商品住宅等经营性用地应当采取招、拍等方式出让	土地利用招标、拍卖、挂牌制度
2008	《国务院关于促进节约集约用地的通知》	对国家机关办公和交通、能源、水利等基础设施、城市基础设施以各类社会事业用地,要积极探索实行有偿使用制度	公益性用地的有偿使用

资料来源:作者根据相关资料整理。

（2）农村土地制度变迁

① 农村土地所有制度变迁。新中国成立前我国处于半殖民地半封建社会，农村土地归地主和少数农民所有，大部分农民没有自己的土地。1949 年，中华人民共和国成立，废除了封建土地私有制，出台了《中华人民共和国土地改革法》，将没收的封建地主的土地，分给无地或者少地的农民。1952 年，全国土改基本完成，中国废除了两千多年的封建土地所有制，变为农民土地所有制，农民成为土地的主人，大大解放了农村的生产力，促进了新中国工业化的发展。

1951 年，中共中央颁发的《关于农业生产互助合作的决议（草案）》标志我国农村开始进入互助合作社阶段；1953 年，中共中央发布《关于发展农业合作社的决议》，开始由初级社和互助合作社向高级农业合作社转变；1956 年，中共中央通过的《高级农业生产合作社示范章程》完成了农村土地制度由农民土地所有制向集体所有制的转变。

1962 年，《农村人民公社工作条例》明确了"生产队为基础，三级所有（公社、生产大队和生产队），也可以是两级，即公社与生产队"，第二十一条规定："生产队范围的土地，归生产队所有。""集体所有的山林、水面、草原，凡是归生产队所有比较有利的，都归生产队所有。"由此奠定了农村土地"集体所有"的政策基础。

改革开放以来，传统的人民公社制度已经不能适应生产力的发展。1983 年，中共中央发布了《当前农村经济政策的若干问题》，正式确立了家庭联产承包责任制，集体所有的土地承包权回到农民手中。1985 年，人民公社政社分开，设立乡（镇）政府，标志人民公社体制正式终结。

1986 年，新中国第一部土地法《中华人民共和国土地管理法》对农村土地所有权和承包经营权进行法律保护，其第二章第十二条规定："集体所有的土地，可以由集体或个人承包经营，从事农、林、牧、渔生产。"

2007 年，《中华人民共和国物权法》确立了农村集体土地家庭承包经营权的物权化，土地承包人对承包的土地具有占有、使用和收益的权利。进一步扩大了农民对土地的权利。

② 农村土地征用制度变迁。虽然农民获得重要的土地承包经营权，同时保持对土地占有、使用和收益的权利，但是城镇化的实施，城市空间的扩张，需要大量的土地进行空间生产，城市原有的土地资源不能适应空间生产的需要，必须征用集体所有的农村土地。那么农村土地又是如何进入市场的呢？这就涉及集体土地的征用制度。

1986 年，第一部土地管理法规定：国家为了公共利益的需要，可以依法对集体所有的土地实行征用。集体土地只能是由国家征用,实行按计划供给土地,土地市场化还未形成。

随着经济的发展,企业用地需求越来越大,传统的无偿使用土地制度已经不能适应经济发展的需要。1988年,国家对《土地管理法》进行修改,明确规定"国有土地和集体所有土地的使用权可以依法转让"和"国家依法实行国有土地有偿使用制度"。标志着我国土地"无偿划拨"制度的结束和土地"有偿使用"市场化的开始。农村集体土地作为生产要素正式投入我国地方主导的工业化生产中。农村与城市通过土地这个生产要素进入空间生产的关系之中,城市对农村的空间"占有"、农村对城市的空间"反抗"开始进入城乡社会空间建构。

《土地管理法》经过1998年8月的第一次修正以及2004年8月的第二次修正,农村土地征用制度变化不大:国家为了公共利益的需要,可以依法对土地实行征收或者征用并给予补偿。

③ 农村集体建设用地制度。农村集体土地用途主要分农业用地、宅基地、集体建设用地以及国家因为公共利益征用的土地。农村地区因为经济发展或者空间生产的需要,也需要大量的用地,但由于用地性质不同于国有土地,所以农村集体建设用地政策一直在不断变化,呈现"放松—趋紧—再放松—再趋紧"的态势(表5-4),总体上农村土地空间生产受到政策(权力)影响很大,但由于农村集体土地无法像国有土地那样招标、挂牌、拍卖,只有征用为国有土地才能进入城市空间生产中,农民集体很难享受土地资本化带来的收益,形成城乡土地的空间矛盾。2013年11月12日通过的《中共中央关于全面深化改革若干重大问题的决定》中提出建立城乡统一的建设用地市场,赋予农民更多财产权利,农民作为主体进入城市空间生产之中。

表5-4 农村集体建设用地政策变迁

年份	政策文件	具体规定
1985	中央一号文件	县和县以下小城镇的发展规划要严格控制占地规模,规划区内的建设用地,可设土地开发公司实行商品化经营(放松)
1987	《土地管理法》	乡(镇)村企业建设用地、公益事业建设用地、联营企业用地,向县级以上地方人民政府土地管理部门提出申请,按照国家建设征用土地的批准权限,经县级以上人民政府批准(放松)
1992	《国务院关于发展房地产业若干问题的通知》	集体所有土地,必须先行征用转为国有土地后才能出让

续表

年份	政策文件	具体规定
1998	《土地管理法（修改稿）》	农民集体所有土地的使用权不得出让、转让或者出租用于非农业建设（收紧）
1999	《国务院办公厅关于加强土地转让管理严禁炒卖土地的通知》	① 农村居民点要严格控制规模和范围； ② 农民的住宅不得向城市居民出售； ③ 乡镇企业用地要严格限制（收紧）
2004	《国务院关于深化改革严格土地管理的决定》	村庄、集镇、建制镇中的农民集体所有建设用地使用权可以依法流转（放松）
2006	《国务院关于加强土地调控有关问题的通知》	农民集体所有建设用地使用权流转，必须符合规划并严格限定在依法取得的建设用地范围内（放松）
2013	《中共中央关于全面深化改革若干重大问题的决定》	允许农村集体经营性建设用地出让、租赁、入股，实行与国有土地同等入市、同权同价，建立兼顾国家、集体、个人的土地增值收益分配机制（放松）
2015	《关于农村土地征收、集体经营性建设用地入市、宅基地制度改革试点工作的意见》	建立农村经营性建设用地入市制度，完善农村宅基地制度，建立国家、集体、个人的土地增值和收益制度（放松）
2019	《中共中央国务院关于建立健全城乡融合发展体制机制和政策体系的意见》	探索宅基地所有权、资格权、使用权"三权分置"，落实宅基地集体所有权，保障宅基地农户资格权和农民房屋财产权，适度放活宅基地和农民房屋使用权。按照国家统一部署，在符合国土空间规划、用途管制和依法取得前提下，允许农村集体经营性建设用地入市（放松）

资料来源：作者根据相关资料整理。

2015 年，我国在坚持土地公有制性质不改变、耕地红线不突破、农民利益不受损三条底线的基础上，进行农村土地制度改革试点。

2019 年 4 月 15 日，《中共中央国务院关于建立健全城乡融合发展体制机制和政策体系的意见》中有关农村土地制度的内容有[①]：

第六条，改革完善农村承包地制度。保持农村土地承包关系稳定并长久不变，落实第二轮土地承包到期后再延长 30 年政策。加快完成农村承包地确权登记颁证。完善农村承包地"三权分置"制度，在依法保护集体所有权和农户承

---

① 中共中央国务院关于建立健全城乡融合发展体制机制和政策体系的意见［EB/OL］. http://www.cppcc.gov.cn/zxww/2019/05/06/ARTI1557101276899103.shtml.

包权前提下,平等保护并进一步放活土地经营权。健全土地流转规范管理制度,强化规模经营管理服务,允许土地经营权入股从事农业产业化经营。

第七条,稳慎改革农村宅基地制度。加快完成房地一体的宅基地使用权确权登记颁证。探索宅基地所有权、资格权、使用权"三权分置",落实宅基地集体所有权,保障宅基地农户资格权和农民房屋财产权,适度放活宅基地和农民房屋使用权。鼓励农村集体经济组织及其成员盘活利用闲置宅基地和闲置房屋。在符合规划、用途管制和尊重农民意愿的前提下,允许县级政府优化村庄用地布局,有效利用乡村零星分散存量建设用地。推动各地制定省内统一的宅基地面积标准,探索对增量宅基地实行集约有奖、对存量宅基地实行退出有偿。

第八条,建立集体经营性建设用地入市制度。加快完成农村集体建设用地使用权确权登记颁证。按照国家统一部署,在符合国土空间规划、用途管制和依法取得的前提下,允许农村集体经营性建设用地入市,允许就地入市或异地调整入市;允许村集体在农民自愿的前提下,依法把有偿收回的闲置宅基地、废弃的集体公益性建设用地转变为集体经营性建设用地入市;推动城中村、城边村、村级工业园等可连片开发区域土地依法合规整治入市;推进集体经营性建设用地使用权和地上建筑物所有权房地一体、分割转让;完善农村土地征收制度,缩小征地范围,规范征地程序,维护被征地农民和农民集体权益。

以上制度为了维护农民的利益,在承包地、宅基地以及集体经营性建设用地等方面给予确权领证,虽然仍然限制城里人到乡村买房,但是也为宅基地入市提出了改革的意见,为合理盘活农民财产提供了法律保障。

农村土地制度改革试点是一次城乡空间生产的试点,同时也是调节城乡矛盾、体现城乡土地一元化的前期摸索,但是农村集体土地性质不变导致土地主体模糊化,对农村集体土地以及农民宅基地的市场转让缺乏法律支持,城乡空间生产矛盾很难消除。政府通过权力对集体土地的实际控制,导致集体产权的模糊和实际上的国家所有,无论是耕地还是建设用地,国家权力都介入其中,成为城乡社会空间矛盾的主要根源。

无论是城市土地的国有属性,还是农村土地的集体属性,都是由中央权力决定,权力逻辑下的土地控制导致城乡矛盾的出现。

5.2.3　权力与城乡规划

如果说中央权力从户籍制度和土地制度来控制城乡空间生产是宏观权力的话,那么城乡规划就是地方政府微观权力的体现。列斐伏尔的三维空间辩证法将空间分为感知的空间、构想的空间和生活的空间。同时指出,空间具有三重性,即空间的实践、空间的表征和表征的空间。空间的表征是政府、规划者和经济学家占统治地位的空间,是政府权力通过规划者的一种微观实现。城乡规划就是一种空间的安排和空间的生产过程,"从极端自由化市场指责的阴影中诞生"①。然而权力和资本无时无刻不在影响城乡规划。作为城乡规划的设计者,规划师毫无疑问牵扯入权力和资本之中,与权力和资本建立了千丝万缕的联系。"作为被支付工资的雇员,为表达出雇主所希望的内容而调整专业价值取向,已成为规划师一个颇受争议的问题。"②

(1)西方城乡规划的权力嬗变

西方城乡规划的发展历程逐渐由权力的工具变成调节社会的工具。西方农业社会在王权统治下,城乡规划是政治权力的工具,体现统治阶级的利益;资本主义工业社会,城乡规划体现对资本利益的维护,通过对空间的规划,将权力和资本统一起来;第二次世界大战后西方城市发展进入郊区化阶段,原来城市高于乡村的权力逐渐弱化,转向以城乡空间的权力博弈、对抗为主的新阶段;后工业社会时期,城乡规划的内容日趋"社会化",城乡规划的职权开始从一种国家权力下放到地方权力,从以国家为主导的城乡规划转变为以市场为导向的规划,规划开始与市场联姻,城乡规划逐渐成为一种调节经济活动的工具。③

西方城乡权力关系与城乡规划的发展有密切相关性,表现为西方城乡权力从集中到分散,从政治集权、民主法治到社会权力。城乡关系从乡村主导、城市主导走向城乡融合。城乡规划成为城乡对话的平台,西方后工业化社会城乡规划强调公众参与决策,社会权力介入规划(图5-3)。④

① 帕奇·希利.政府和市场在规划中的重构[J].陈睿,译.国际城市规划,2008(3):12-17.
② 陈有川.规划师角色分化及其影响[J].城市规划,2001(8):22-28.
③ 刘昭,曹康.权力与规划——空间生产理论权力视角下城乡规划发展研究[J].华中建筑,2015(9):43-46.
④ 刘昭,曹康.权力与规划——空间生产理论权力视角下城乡规划发展研究[J].华中建筑,2015(9):43-46.

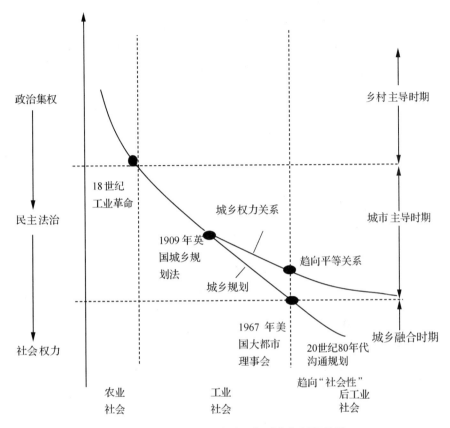

图5-3　西方城乡权力关系与城市规划相关性

（2）中国城乡规划历程及空间生产安排

城乡规划是参与社会生产和再生产的一种空间工具。表5-5概括了新中国成立以来城乡规划与国家和社会变迁的关系以及空间安排,可以将它们分成四个阶段:

①1949—1977年为第一阶段。1952年城市规划工作开展,1956年《城市规划编制暂行办法》实施,成为新中国历史上第一个法定性的规划文件。这个阶段主要围绕工业城市的规划空间展开,包括西安、太原、洛阳、兰州、包头、武汉、大同、成都8大重点城市规划。此阶段城市规划以工业生产尤其是重工业生产为主,打下中国工业坚实的基础。该时期经历"大跃进"和三年困难时期,而且"文革"期间城市遭到破坏,城市规划走向停滞。此阶段城乡规划以工业城市规划为主,基本没有乡村规划。

②1978—1994年为第二阶段。这个时期的空间生产以绝对权力的"行政

划拨"的空间分配为主,城乡规划的主要对象是城市。虽然苏锡常出现了全国闻名的"苏南模式"的乡镇企业大发展,但是苏锡常乡镇企业仅仅作为一种自下而上的空间生产形式,没有特别的乡镇规划和空间规划来重视乡镇企业的发展。与此同时,城市的经济特区、经济技术开发区和高新区开始通过空间生产的形式大量涌现,城市规划成为空间改革实验的主要工具。

此阶段《中华人民共和国城镇国有土地使用权出让和转让暂行条例》(1990)和《中华人民共和国城市规划法》(1990)的出现为下一阶段土地的资本化提供了法律依据。

③ 1995—2012 年为第三阶段。这个阶段是城乡规划的增量规划阶段,随着分税制改革、国有土地转让制度改革、住房制度改革的实施,城市规划的空间尺度和空间对象不断变化,城市建成环境成为资本和权力关注的重点,资本参与城乡的建成环境的第二级资本循环,新区新城建设、大学城建设、新农村建设成为新的空间生产形式。特别是分税制改革,地方政府财权上收,事权下放,土地出让收入成为地方政府财政收入的主要来源,地方政府成为实际上的"企业型政府",通过旧城改造、新区建设、农民进城、大学城建设等方式极大地拓展了城乡规划中城市的边缘,城市空间大为扩张,城市的空间生产开始渗透到农村,城市周边土地因为地方政府征收,导致失地农民大量涌现,新的城乡矛盾表面体现为土地征收价格的矛盾,但其根本是城市空间权力和空间生产的矛盾。

表 5-5　1949—2017 年我国城乡规划大事记及其规划①

时间	相关事件	主要规划或政策
1952	第一次城市建设座谈会	城市规划开展; 城市建设管理机构建立
1952—1957	国家建设委员会成立	西安、太原、兰州、包头、洛阳、成都、武汉、大同 8 大重点城市规划; 《城市规划编制暂行办法》(1956)成为第一个城市规划立法性的文件
1958—1966	"大跃进"、三年困难时期	
1966—1976	"文革"	城市规划建设严重破坏

① 杨宇振. 资本空间化:资本积累、城镇化与空间生产[M]. 南京:东南大学出版社,2016:241 - 257.

续表

时间	相关事件	主要规划或政策
1978—1993	设立特区； 城市经济开发区； 高新技术开发区	《中华人民共和国城市规划法》(1990)； 《中华人民共和国城镇国有土地使用权出让和转让暂行条例》(1990)
1994—1996	分税制改革； 国有企业改革； 汇率制度改革	城市土地利用修编； 城市总体规划修编； 《城市规划编制办法实施细则》(1995)
1998—1999	住房制度改革； 医疗制度改革； 教育产业化与高校扩招	地方政府土地财政与房地产开发； 城镇体系规划； 大学城规划与建设
2000—2003	西部大开发； 农村与小城镇发展相关意见	概念性程式设计与控制性详细规划调整； 分期建设规划； 各种专项规划
2003—2007	启动新农村建设，全面取消农业税； 提出促进中部崛起的意见； 振兴东北老工业基地； 通过《中华人民共和国物权法》(2007)	新农村建设； 《中华人民共和国城乡规划法》(2007)
2008—2012	城乡统筹； 扩大内需	区域规划、主体功能区规划、"新区"规划、城乡土地流转与新农村规划、乡村规划、城乡风貌整治、《国有土地上房屋征收与补偿条例》(2011)
2013—2017	新型城镇化； 高铁发展	新型城镇化规划； 高铁新城

④ 2013 年至今为第四阶段。2007 年《中华人民共和国城乡规划法》的实施表明城市规划走向城乡统一阶段。2012 年中共十八大提出"新型城镇化"，这标志传统的"空间扩张"型城镇化开始转变为"以人为核心"的城镇化。"城乡统筹""城乡一体""望得见山，看得见水"成为城乡规划中的关键词。一改以往以"权力"为核心的格局，以城市为主导的城市规划开始走向以"权利"为核心的城乡和谐统一的城乡规划，城乡规划不再是政府和规划者的一种空间的再现，而是政府、居民、市场共同参与，社会权力介入的新型城乡规划。

5.3　城乡社会空间生产的资本逻辑

5.3.1　资本逻辑

亚当·斯密认为,资财分成两个部分,居民希望从中获得收入的部分,叫作资本;用以消费的部分,叫作生活资料。资本能够为投资者提供收入或利润,有两种使用方法:第一,生产、制造或购买产品,投资者依靠售卖这些物品得到利润,这种资本叫流动资本;第二,改良土地、购买有用机器和工具,这种资本叫固定资本。① 马克思认为,资本就是一种生产关系,在这种生产关系中,生产资料、生活资料、货币和商品都是资本。城镇化引起全球资本主义生产关系等空间矛盾,从而导致资本主义的空间不平衡。跨国企业进行全球投资,全球资本进行时空转移,表现为全球"空间修复"的过程。改革开放以来,中国取得举世瞩目的成绩,同样离不开全球资本的时空转移,中国通过吸引外来投资,利用先进的生产技术和管理经验,在提高自身经济实力的同时,也进入全球的资本循环。②

苏锡常的发展经历计划经济时期的国有资本主导的工业城市空间生产、集体资本主导的乡镇企业乡村工业空间生产、外资主导的城市开发区空间生产、各级资本参与的土地资本化及空间城镇化阶段(图5-4),每一个阶段主导的资本不同,空间生产形式也不同。资本主义生产发展到一定阶段,资本将由"空间中的生产"转向"空间生产",即资本直接投资于建成环境,包括住房、工厂、道路、机场、港口等基础设施建设,受其影响,苏锡常的城镇化也走向资本的第二级循环。特别是我国实行社会主义市场经济体制以来,苏锡常迅速进入工业化生产阶段,我国规模极大、工资相对低廉的劳动力支撑起中国大规模的工业化。与此同时,随着住房制度改革,空间开始商品化,1994年分税制改革大大调动了苏锡常地方政府的积极性,地方政府通过交换空间资源,获得极大的原始资本积累,进而投入建成环境的建设,开始空间扩张,各类开发区、大学城、新城等纷纷涌现,苏锡常开始进入快速城镇化阶段,这个阶段的城市空间生产外在体现为城市规模的扩张。

---

①　亚当·斯密. 国民财富的性质及原因的研究[M]. 郭大力,等,译. 北京:商务印书馆,1972:136 – 137.

②　大卫·哈维. 正义、自然和差异地理学[M]. 胡大平,译. 上海:上海人民出版社,2015:275 – 281.

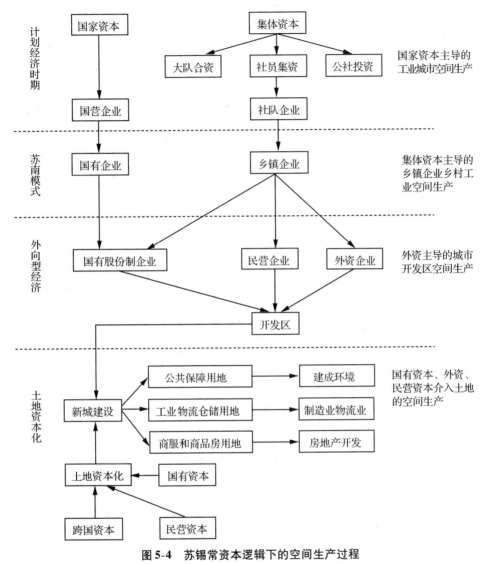

图 5-4　苏锡常资本逻辑下的空间生产过程

资料来源:作者自绘。

5.3.2　计划经济时代苏锡常资本积累循环与工业城市空间生产

新中国成立后,资本极其短缺,技术落后,国外对新中国实施"封锁"的政策使中国选择了优先发展重工业的战略。经过 3 年的经济恢复,重工业优先发展战略在"一五"计划时期开始实施。得到苏联支持建设的 156 项重大项目开始在我国 18 个省市实施。考虑到战争风险,这些重大项目主要位于东北和中西部地区,例如辽宁 24 项、吉林 11 项、黑龙江 22 项、陕西 24 项、甘肃 16 项、河南 10 项、河北8项等,东部沿海地区只有北京有3大项目,分别是北京电子管厂、北京战略火箭生产总厂和金属结构厂,江苏省因位居沿海而没有任何重工业项目分布。

由于优先发展重工业,扭曲了农产品等生活必需品的价格,并使价格扭曲制度化(表5-6)。计划经济时代的苏锡常被纳入全国统一计划体系之中,经济的发展主要依赖资本积累,而资本是在国家发展计划和财政预算制度控制体系中循环积累,并保持非常高的积累率,商品流通与劳动力再生产受到严格限制,消费品增长缓慢(表5-7)。计划经济时期苏锡常虽然没有布局国家重大项目,但是也布局了苏州钢铁厂、无锡缫丝一厂、常州柴油机厂等一批国有工业项目(表5-8)。

表5-6　1952—1978年消费品价格指数(1950年为100)

年份	全国(1)	集市贸易(2)	价格扭曲程度(1)/(2)
1952	113.3	111.0	1.02
1957	122.5	120.9	1.01
1962	155.6	354.8	0.44
1965	138.2	192.3	0.72
1970	137.8	197.7	0.70
1975	143.0	259.5	0.55
1976	143.4	269.8	0.53
1977	147.8	263.3	0.56
1978	150.0	246.0	0.61

资料来源:《中国统计年鉴(1992)》。

表5-7　1952—1978年江苏省经济增长、消费、积累基本指标(%)

时间	GDP增长率	农业产值增长率	工业产值增长率	城乡居民消费总额增长率	城乡居民消费水平增长率	积累率
一五时期	5.2	1.8	10.7	2.9	0.2	19.5
二五时期	-1.0	-3.1	4.7	0.6	0	24.1
1962—1965	17.6	15.4	19.2	8.4	6.3	21.2
三五时期	7.7	3.6	12.5	5.2	1.8	22.8
四五时期	8.9	5.0	12.0	7.7	5.9	30.5
五五时期	12.1	7.7	14.3	10.8	9.6	32.1

资料来源:国家统计局国民经济平衡统计司.国民收入统计资料汇编(1949—1985).北京:中国统计出版社,1987:126.

表5-8 计划经济时期苏锡常工业企业布局

分布城市	工业企业名称		
苏州	苏州钢铁厂	苏州第一丝厂	苏州塑料四厂
	苏州电视机厂	苏伦纺织厂	苏州电冰箱厂
	东吴纺织厂		
无锡	无锡钢铁厂	无锡市无线电厂	宜兴陶瓷厂
	无锡电视机厂	无锡第一棉纺厂	无锡微电子联合公司
	无锡缫丝一厂	无锡协新毛纺织厂	无锡叶片厂
	江南无线电器材厂		
常州	常州柴油机厂	东风印染厂	金狮自行车厂

资料来源:笔者根据相关资料整理。

社队企业的发展是苏锡常集体资本的产物。苏锡常社队企业起源于1956年,原无锡县(现滨湖区、无锡新区和新吴区部分区域)东亭镇的春雷农业生产合作社为解决田少人多的矛盾,将泥瓦匠、铁匠、木匠、篾匠和石匠组织起来,成立春雷高级社木工厂,这是江苏省第一个社队企业。尽管受到"文化大革命"的影响,但因江苏省积极引导和扶持,到1978年年底,江苏省的社队企业总产值达到63亿元,从业人员数量达到249万,社队企业产值与农业产值相当,为下一步苏锡常地区发展乡镇企业积累了原始资本。

此阶段资本循环的主要特点有:① 资本主要通过农业积累,通过压低农产品价格,形成工农产品价格剪刀差,实现工业发展的原始资本积累。② 资本积累的方向主要流向工业尤其是重工业,因为重工业是整个新中国发展的基础和保障。为了保证积累,进而提高积累率,抑制消费,同时没有多余的资本投入建成环境,多余的资本要么通过统一计划调配,重新投入工业生产中,要么投入军事生产中。生产性积累成为这个时期的资本循环特征,过度的生产性积累导致资本利用效率偏低。③ 消费通过配给制度提供,在消费物品短缺时代,短缺经济导致消费受到抑制,消费水平低,以基本生活必需品消费为主。④ 资本循环主回路是生产品的生产,对于建成环境和消费品,由于资本的短缺,没有过多的资本进入消费基金,耐用建成环境和消费品的生产只是整个资本循环的次回路,至于科学技术以及教育、卫生等仅仅能满足最基本需要,不会出现在资本循环的主回路中(图5-5)。⑤ 城市尤其是工业城市成为重工业过度积累背景下空间修复的重要工具,虽然苏锡常不是传统的重工业城市,但是也布局了常州柴油机厂、无锡钢铁厂、苏州钢铁厂等重工业企业,同时布局大量棉纺、电子、电视机等消费品工业企业(表5-8)。

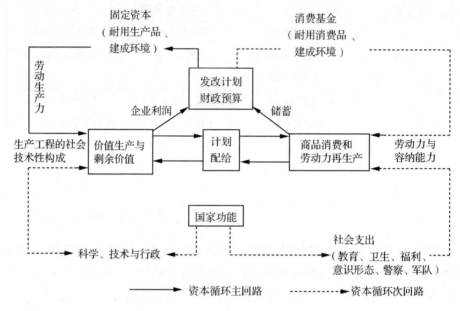

图5-5　计划经济时期苏锡常资本循环

5.3.3 "苏南模式"阶段资本积累与空间生产

苏锡常作为全国经济比较活跃的地区,在计划经济时代就开始有社队企业的经营并完成了原始资本积累。"苏南模式"是费孝通先生1983年在其著作《小城镇·再探索》中提出来的观点,他认为,中国社会基层工业化是在农业繁荣的基础上发生、发展的,而且又促进农业的发展,使之走上现代化道路。[①] 解决农村富余人口的途径有两条路,一是部分劳动人口从农村向小城镇汇聚,这被称为"离土不离乡";二是部分劳动人口有组织定期从本乡外出,这被称为"离乡不移户口"。[②] 他还提出城镇建设(建成环境)的资金来源不能依赖国家财政,必须通过合法集资,集镇建设的规划要区分集镇类型、合理功能布局、体现地方风貌和时代气息。[③] 十一届三中全会后,中国启动改革开放,市场经济开始成为主要经济体制,全球化和分权化开始重塑苏锡常资本积累循环。

第一,计划经济体制被市场经济体制取代,市场经济体制成为调节经济发

---

① 费孝通.小城镇·再探索(之一)[J].瞭望周刊,1984(20):14 – 15.
② 费孝通.小城镇·再探索(之三)[J].瞭望周刊,1984(22):23 – 24.
③ 费孝通.小城镇·再探索(之四)[J].瞭望周刊,1984(23):22 – 23.

展和资本流通的主要手段。面向国内消费市场的商品生产回路成为苏锡常地区此阶段的资本积累的主要途径。在改革开放初期,国有企业体制不太灵活,轻工业产品和消费品还比较缺乏,苏锡常传统社队企业利用计划经济时期积累的资本盈余开始投入工业生产,实现以集体资本为主的第一回路资本循环(图5-6)。同时,由于农村劳动力盈余,户籍控制很严,苏锡常农民创造性地在乡镇创办企业,做到"离土不离乡,进厂不进城",既解决了农村富余劳动力的出路问题,又解决了社会商品的短缺问题,实现社队企业的资本积累和循环。

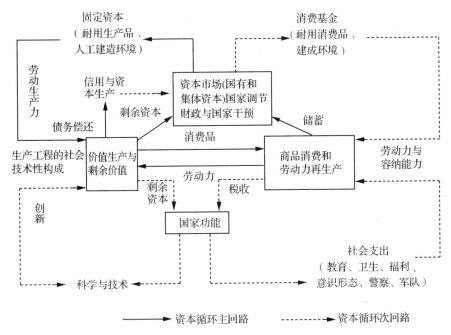

图 5-6　"苏南模式"经济时代苏锡常资本循环

第二,乡镇企业工业区成为过剩集体资本空间修复的重要工具和场所。乡镇企业过剩的集体资本无法通过合法手段进入城市资本循环,而乡镇廉价的(甚至是免费的)土地和农村富余廉价劳动力成为乡镇企业集体资本的利润源泉。

1990 年,苏锡常农村工业企业个数合计达到 33 813 家,职工 279.57 万人,总产值达到 734.77 亿元。1978—1986 年,苏锡常乡镇企业工业总产值从 25.93 亿元增长到 270.26 亿元,增长 9.4 倍,年均增长 34%。[①]

此阶段的空间生产表现为工业用地尤其是农村工业用地分散,居住用地扩

---

① 浦文昌.对"苏南模式"的比较分析[J].中国农村经济,1993(1):43-48.

张,出现"生活居住 + 农业生产 + 工业生产"三位一体的空间形态。①

第三,国有企业资本通过国家调节,将剩余资本推进生产市场,进行扩大再生产。建成环境依然是次一级资本循环回路(图5-6)。

5.3.4 外资主导阶段的资本积累和开发区空间生产

(1)外贸体制改革成为外资进入苏锡常资本循环的驱动力

1988年2月,国务院发布了《国务院关于加快和深化对外贸易体制改革若干问题的规定》,全面推行外贸承包经营责任制,对外贸易、吸引外资已经成为各级政府的主要任务。国家通过放宽外汇管制、实施出口退税政策、下放部分权力等措施为外贸企业利用市场机制,实行自主经营创造了条件。1990年12月9日,国务院颁布了《关于进一步改革和完善对外贸易体制若干问题的决定》,完善了外贸承包责任制。

江苏省结合本省实际,于1988年3月22日发布了《江苏省人民政府关于贯彻〈国务院关于加快和深化对外贸易体制改革若干问题的规定〉的通知》,规定全省各市承包外贸指标以及外汇指标,其中苏州、无锡、南通、南京四市采取切块自营的经营模式。1990年,江苏外贸出口额达29.5亿美元,1988—1990年年均增长11.7%。1998年,江苏省进出口总额达264.26亿美元,出口总额为156.51亿美元,其中"三资"企业出口总额为80.57亿美元,占全省外贸出口总额的51.5%,"三资"企业对江苏省和苏锡常外向型经济的发展起到重大作用。②

(2)外资成为推动苏锡常经济发展的重要力量

1990年、1991年和1992年江苏省直接利用外资分别是1.41亿美元、2.33亿美元和14.33亿美元,其中苏锡常三年内直接利用外资分别是1.17亿美元、2.11亿美元和12.58亿美元,三年内占江苏省比例分别达到83.48%、90.38%和89.63%。可以说,江苏省外向型经济最初主要是由苏锡常贡献的。1990—2004年,苏锡常直接利用外资除了2002年和2003年占江苏省的68.66%和65.57%之外,其他年份占比都在70%以上,尽管2004年以后这一占比有所下降,但依然保持占全省一半左右的比例(图5-7)。1990—2000年,外资成为推动苏锡常经济发展的重要力量。外资通过独资、合资和合作经营等方式进入苏锡常资本循环和积累。一方面,苏锡常通过引进外资,弥补国内资本的不足;另

① 黄良伟,李广斌,王勇."时空修复"理论视角下苏南乡村空间分异机制[J].城市发展研究,2015(3):108－112.

② 李富阁.江苏经济50年[M].南京:江苏人民出版社,1999:184－187.

一方面,苏锡常通过引进国外先进技术和经营管理经验,进行创新吸收,提高工业制造产品的品质。国际资本开始通过次级回路进入第三级资本循环。国内资本开始通过开发区建设进入城市建成环境的次级资本回路,但此阶段,仍然以扩大生产空间和生产大量耐用品为主(图5-8)。

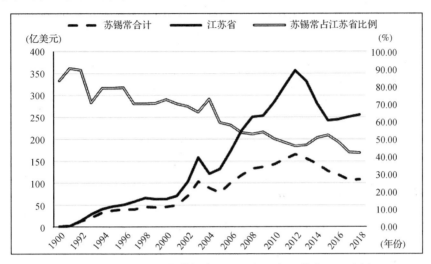

图 5-7 1990—2016 年苏锡常 FDI 总额及占江苏省 FDI 比例

注:FDI 为直接利用外资金额。

资料来源:苏州、无锡、常州历年统计年鉴(1991—2017)。

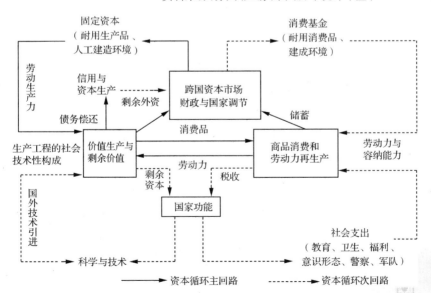

图 5-8 外资主导苏锡常资本循环

资料来源:作者自绘。

（3）开发区成为全球资本空间修复的主要场所

1984 年 5 月，我国正式开放 14 个沿海港口城市，同年 9 月 25 日，建立大连经济技术开发区，成为我国历史上第一个经济技术开发区。江苏省开发区建设起步于 1984 年，1993 年逐渐形成规模，截至 1998 年年底，江苏省共有省级以上开发区 79 个，其中国家级 11 个、省级 68 个，79 个开发区利用外商直接投资和外贸出口分别占全省的 67.7% 和 30.5%，各类开发区实现技工贸总收入 2 157.6 亿元，同比增长 27.8%；工业销售收入 1 523.2 亿元，同比增长 227%，江苏开发区建设进入快速增长期。[①] 截至 2018 年 5 月，我国共设立 219 家国家级经济技术开发区，其中江苏省就有 26 家，苏锡常有 11 家，苏州就占 9 家（表 5-9）。

表 5-9 苏锡常国家级经济技术开发区分布

城市	国家级开发区	
苏州	苏州工业园区	吴江经济技术开发区
	吴中经济技术开发区	常熟经济技术开发区
	相城经济技术开发区	太仓经济技术开发区
	浒墅关经济技术开发区	张家港经济技术开发区
	昆山经济技术开发区	
无锡	锡山经济技术开发区	宜兴经济技术开发区

资料来源：作者根据相关资料整理。

5.3.5 土地资本化和新城区空间生产

（1）分税制改革刺激地方政府参与空间生产

改革开放前，我国实施统收统支的财政体制，财政收入统一归中央，同时财政支出也归中央统一安排，地方没有独立的财政体系和预算空间。这种财政体制，虽然在新中国成立初期发挥较大的作用，但会出现平均主义和大锅饭情况，不容易调动地方发展经济的积极性。改革开放后，为了刺激地方发展经济的动力，1980 年开始实施财政包干制度，在财政上和地方分开，中央确定地方上缴的比例，剩余财政收入归地方支配。地方相对享有较大的自主权，地方政府与中央政府成为博弈的双方，地方政府为了维护本地的利益，有意无意地隐瞒地方

---

① 李富阁.江苏经济 50 年[M].南京：江苏人民出版社，1999：183 - 184.

收入,从而达到少缴中央、多留地方的目的,客观上形成了"富地方,穷中央"的现实情况,甚至还出现中央向地方借钱的情况。为改变这种局面,国家开始着手分税制改革。分税制改革的目标就是提高财政收入的"两个比重(全国财政收入占 GDP 的比重,中央财政收入占全国财政收入的比重)"。

分税制改革的重要结果是"财权上收中央,事权下放地方"。中央财政收入占全国财政收入的比重由分税前的 22%(1993 年)增加到 45.5%～55.5%,1999—2010 年占比一直在 50% 以上,2011 年后略有下降;地方财政的占比由分税制改革前的 78% 下降到分税制改革后的 50% 左右(表 5-10、图 5-9)。中央财政支出占全国财政支出比重呈逐年下降趋势;地方财政支出占比逐年上升,2015 年占全国财政支出比例达到最高,为 85.5%,2016 年略有减少,但也达到85.4%。考虑到地方政府发展地方经济,供给公共设施必须有大量的财政支出,为了弥补地方财政的不足,1994 年起,地方土地出让金无须上缴中央,全部纳入地方政府基金预算管理,为"土地财政"提供了政策保证。由图 5-10 可见,地方政府的财政自给率(财政收入与财政支出之比)一直在 0.6 左右,最低达到 0.5,而地方政府财政如果不考虑预算外收入,就会一直处于财政赤字状态,并且财政赤字越来越大。这就刺激地方政府必须通过预算外收入、举债、土地出让金等方式增加地方政府财政收入,弥补财政赤字。

表 5-10　我国政府间财政关系的变化(1993—2016)

年份	中央财政收入占全国财政收入比重/%	地方财政收入占全国财政收入比重/%	中央财政支出占全国财政支出比重/%	地方财政支出占全国财政支出比重/%
1993	22.0	78.0	28.3	71.7
1994	55.7	44.3	30.3	69.7
1995	52.2	47.8	29.2	70.8
1996	49.4	50.6	27.1	72.9
1997	48.9	51.1	27.4	72.6
1998	49.5	50.5	28.9	71.1
1999	51.1	48.9	31.5	68.5
2000	52.2	47.8	34.7	65.3
2001	52.4	47.6	30.5	69.5
2002	55.0	45.0	30.7	69.3
2003	54.6	45.4	30.1	69.9
2004	54.9	45.1	27.7	72.3

续表

年份	中央财政收入占全国财政收入比重/%	地方财政收入占全国财政收入比重/%	中央财政支出占全国财政支出比重/%	地方财政支出占全国财政支出比重/%
2005	52.3	47.7	25.9	74.1
2006	52.8	47.2	24.7	75.3
2007	54.1	45.9	23.0	77.0
2008	53.3	46.7	21.3	78.7
2009	52.4	47.6	20.0	80.0
2010	51.1	48.9	17.8	82.2
2011	49.4	50.6	15.1	84.9
2012	47.9	52.1	14.9	85.1
2013	46.6	53.4	14.6	85.4
2014	45.9	54.1	14.9	85.1
2015	45.5	54.5	14.5	85.5
2016	45.4	54.6	14.6	85.4
2017	47.0	53.0	14.7	85.3

资料来源:中国历年统计年鉴(1994—2018)。

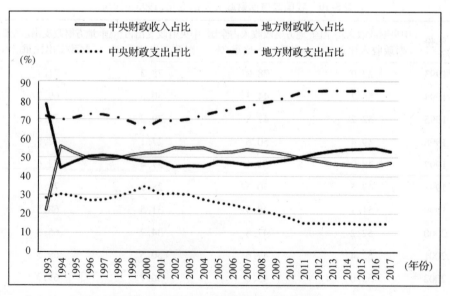

图 5-9　分税制以来我国政府间财政关系变化图(1993—2017)

资料来源:中国历年统计年鉴(1993—2017)。

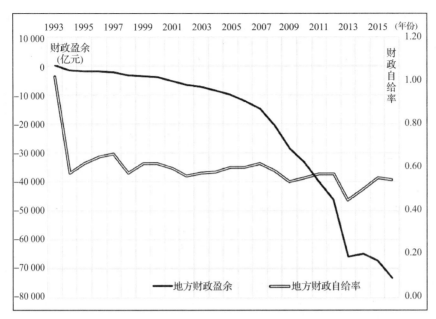

图 5-10 地方财政盈余与地方财政自给率(1993—2015)

资料来源:中国历年统计年鉴(1994—2017)。

中国以 GDP 和财政收入为主的官员考核体制,刺激地方政府和地方官员通过土地开发、城市经营来发展经济,在 GDP 考核的背景下,与资本密切联系的 GDP 和与经济发展联系的"政治资本",形成权力与资本的增长同盟。[①] 与资本主义国家不同的是,中国的城镇化不仅仅是资本的参与,地方政府也深入其中,并与资本结合,构成"权力-资本"的城镇化。分税制改革推动地方政府介入中国城镇化进程,参与城市空间生产。

苏锡常地区历来是富饶之地,财政收入相对比较富余,但分税制改革实施后,苏锡常上缴中央财政很高,苏锡常地方财政收入和地方一般预算财政收入之间差距很大(图 5-11)。地方财政收入与地方一般预算财政收入之差主要是地方上缴中央财政的那一部分,比如苏州上缴中央财政从 1998 年的 42.57 亿到 2013 年最高值 1 458 亿元,无锡从 1998 年的 40.84 亿元到 2011 年最高值 1 107 亿元,常州从 1998 年的 22.84 亿元到 2015 年最高值 901 亿元。地方财政收入部分上缴中央过多,但地方支出不会减少,虽然中央通过转移支付一部分到地方财政,相对上缴数额还是较少,苏锡常财政盈余情况也不容乐观。

---

① 李郇.中国城市化的福利转向:迈向生产与福利的平衡[J].城市与区域规划研究,2012(2):24-49.

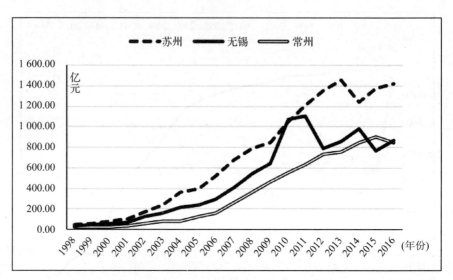

图5-11　苏锡常上缴财政收入（1998—2016）

资料来源：苏锡常历年统计年鉴（2000—2017）。

　　除了苏州经济非常发达、财政盈余较好外，无锡和常州财政盈余不多（图5-12），1998—2005年苏锡常财政盈余基本为亏损或者刚刚盈亏平衡。为了发展地方经济，吸引更多人才，就必须投入大量资本进行建成环境的改造，因而苏锡常与全国其他地方一样，开始走向土地财政的道路。

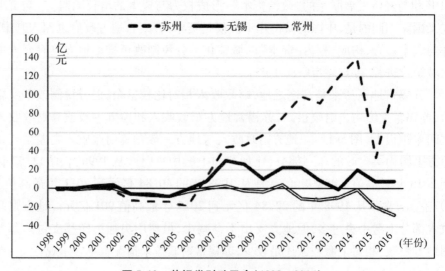

图5-12　苏锡常财政盈余（1998—2016）

资料来源：苏锡常历年统计年鉴（2000—2017）。

（2）土地资本化——土地进入资本循环

土地资本化就是土地资源变成土地资本的过程,在这个过程中,由于金融机构的参与,土地以土地债券或其他有价证券的形式实现了土地财产权利的流动。[①] 经过土地资本化,原来位置固定、价值较低的土地资源通过市场化运作变成可以流通的资本,从而大大提高土地的利用率与交换价值。土地资本化过程就是土地由使用价值向交换价值改变的过程,土地已经变成金融资本并且进入流通领域,产生更大的价值。

① 土地资本化过程。我国的土地资本化过程主要有两种途径:一种是政府主导途径,政府(主要是地方政府)对国有土地(或者先将农村集体土地国有化)进行基础设施投资,将"生地"变成"熟地",再将土地进行拍卖,从中获得土地出让金,并将部分出让金重新投入基础设施(建成环境)建设,进行招商引资;第二种途径是农民自主的城镇化,即农村集体主导,在发达地区的城镇,农民通过土地入股、拍卖等形式,将土地出让金留在乡村或小城镇,获取资金进行农村工业化和城镇化,让农民享受土地资本化和城镇化的红利。通过第二种途径,农民可以获取比种地更多的土地租金和土地分红,农村集体也从中获取土地租金,在产业发展、村庄居住、社区公共空间的配置等方面得到健康发展,可以实现农村工业化和城镇化,提高农民受益程度,缩小城乡差距,但由于农村集体土地政策与法律等方面的原因,大部分土地资本化过程采用政府主导模式。[②] 1994 年实施的分税制改革,导致地方政府财权减少,土地资本化产生的土地出让金成为地方政府财政收入的主要来源,此外,地方政府可以采用土地抵押融资的方式获取建设资金,实现土地金融化。

土地有偿使用制度的实施,将土地转变为固定资本,将城市空间和部分乡村空间(近郊农村)纳入工业生产的资本循环,进入城市空间生产的第一级资本循环 (图 5-13),政府尤其是地方政府热衷于土地出让,获取大量土地出让金 (图 5-14),参与城市基础设施与城市建成环境的建设,进入空间生产的第二级资本循环。

---

① 彭昱.城市化过程中的土地资本化与产业结构转型[J].财经问题研究,2004(8):40 – 45.
② 刘守英.集体土地资本化与农村城市化[J].北京大学学报(哲学社会科学版),2008(6):123 – 132.

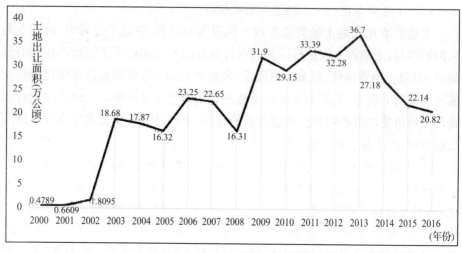

图 5-13　2000—2016 年全国土地出让面积

资料来源:历年中国国土资源公报(2001—2017)。

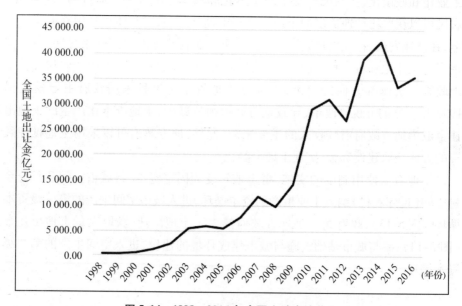

图 5-14　1998—2016 年全国土地出让收入

资料来源:历年中国国土资源公报(2001—2017)。

②　住房制度改革加快土地资本化。1998 年 7 月我国开始正式实施住房制度改革,大大推动了房地产业的高速发展,苏锡常地区城乡进入居住空间生产的重要阶段。

苏锡常作为我国经济较发达地区,财政收入较高,但是地方政府依然作为空间生产的组织方,进行集体土地拆迁—储备—招标、拍卖、挂牌,获得丰裕的土地出让金以参与城市基本设施建设,进入第二级资本循环。

苏锡常土地出让金逐年增加(图 5-15、图 5-16、图 5-17),苏州 2002—2017 年土地出让金总额达 7 029.53 亿元,其中住宅土地出让金达 5 862.17 亿元,占 83.39%;无锡 2002—2017 年土地出让金总额达 2 949.44 亿元,其中住宅土地出让金达 2 298.48 亿元,占 77.93%;常州 2002—2017 年土地出让金总额达 2 820.58 亿元,其中住宅土地出让金达 1 766.51 亿元,占 62.63%。苏州土地出让金最高值出现在 2016 年,达 1 464.8 亿元,住宅土地出让金达 1 365.6 亿元,占 93.23%;无锡土地出让金最高值出现在 2016 年,达 431.11 亿元,其中住宅土地出让金达 404.23 亿元,占 93.77%;常州土地出让金相对温和些,最高值出现在 2014 年,达 393.21 亿元,但是其占比更高,2002 年、2003 年、2006 年住宅土地出让金分别占当年总土地出让金的 96.85%、96.95% 和 97.07%。苏锡常土地出让面积 2002—2012 年逐渐上升,2012 年以后土地出让面积开始下降(图 5-18)。

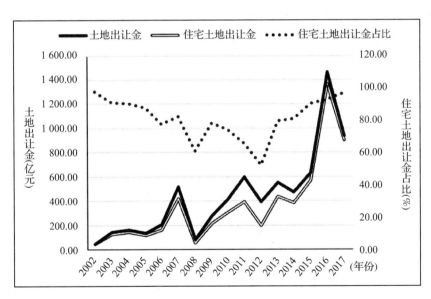

图 5-15 苏州市土地出让金及住宅土地出让金(2002—2017)

数据来源:中国指数研究院。

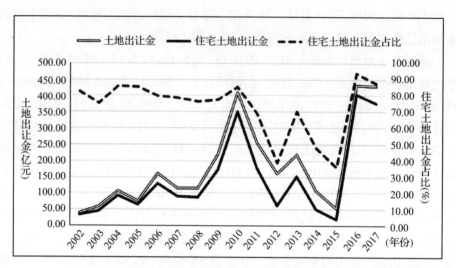

图 5-16   无锡市土地出让金及住宅土地出让金(2002—2017)

数据来源:中国指数研究院。

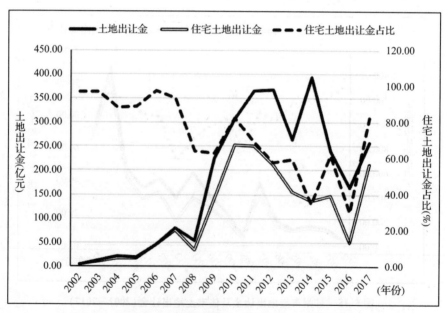

图 5-17   常州市土地出让金及住宅土地出让金(2002—2017)

数据来源:中国指数研究院。

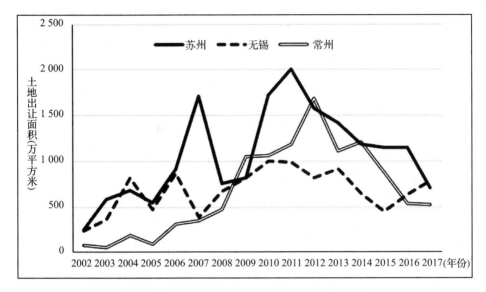

图5-18　苏锡常土地出让面积比较（2002—2017）

数据来源：中国指数研究院。

③ 土地金融化导致土地作为资本直接进入空间生产。土地作为一种生产要素，除了具有固定资本的功能外，还可以实现土地金融的功能。由于土地抵押贷款制度的出现，人们可以直接通过土地抵押获得银行贷款，相比土地出让金制度，土地金融获得资本的速度更加快捷，同时由于土地金融的"虚拟化"和"金融化"的特点，使得土地与资本结合更加密切，许多地方政府甚至直接将土地进行抵押，以快速、便捷地获得城市基础设施和建成环境所需要的资金，让土地更快地参与空间生产的第二级循环（表5-11）。

表5-11　2009—2015年全国84个重点城市土地抵押总面积和抵押贷款总额

年份	抵押土地累计面积 /万公顷	增加率 /%	抵押贷款累计总额 /万亿元	增加率 /%
2009	21.70	—	2.59	—
2010	25.82	18.99	3.53	36.29
2011	30.08	16.50	4.80	35.98
2012	34.87	15.92	5.96	24.17
2013	40.39	15.83	7.76	30.20
2014	45.10	11.66	9.51	22.55
2015	49.08	8.82	11.33	19.10

资料来源：历年中国国土资源公报（2009—2015）。

　　相对于土地财政而言,土地金融具有杠杆属性,地方政府借助金融机构完成土地征用后,不急于变现,而是将土地储备起来,并以此向金融机构申请贷款,或进行其他土地增值收益权信托等融资,这样,土地的金融杠杆效应得到极大提升,而且随着土地的稀缺性,土地的价格越来越高,在各地纷纷出现"地王"的情况下,土地储备随着时间的变化,可以更多地进行融资,从而进一步提高土地金融的杠杆作用,一旦房价下落或者土地流拍,土地金融的风险会越来越大。

　　(3)新城——21世纪苏锡常空间生产的场所和空间修复的工具

　　1998年房地产体制改革使得房地产业成为各地区的支柱产业,苏锡常作为经济最发达的地区之一,房地产业尤为发达。地方政府通过发展房地产以及土地出让和土地资本化,积累大量资本,大规模的资本盈余进入资本循环的消费基金回路,城市工业生产空间的生产不再体现交换价值最大化,城市空间开始重构,以工业生产空间为主的城市空间生产开始转向以消费生产空间为主的城市空间生产,新城建设成为苏锡常地方政府主导的新的城乡空间重构形式。进入21世纪,苏锡常开始建设吴中太湖新城、吴江太湖新城、苏州高铁新城、无锡滨湖新城、无锡锡东新城和常州北部新城,规划总面积达351.5平方千米,还不包括苏州太湖新城的120平方千米的水面规划。规划面积最小的是苏州高铁新城,为28.5平方千米;最大的是无锡滨湖新城,达150平方千米(表5-12)。通过新城建设,地方政府获取土地出让金,开发商通过住房商品化卖出更高价格,以实现空间价值增值最大化。为保障土地出让获取更高收入,这些新城常被地方政府规划为新的行政中心、商务中心或服务中心。如无锡滨湖新城成为新的行政商务中心,常州北部新城成为常州市新的公共服务中心,苏州高铁新城成为新的商业旅游服务中心和创智文化交流中心。中心的定位成为提高新城土地价格、吸引居民居住的重要手段。

表5-12　21世纪苏锡常各新城建设及其空间生产

新城	苏州吴江太湖新城	苏州吴中太湖新城	苏州高铁新城	无锡滨湖新城	无锡锡东新城	常州北部新城
起建时间	2012年	2011年	2012年	2007年	2007年	2008年
规划面积	30平方千米	30平方千米	28.5平方千米	150平方千米	40平方千米	73平方千米
理念	构建渍湖生态旅游城市,尽显水乡吴江磅礴大气	先规划后建设,先地下后地上,先生态后产业,先配套后居住	现代与古典继往开来,自然与人文交相辉映,民族与世界相融共生,艺术与科技顾盼连带	产城融合、创新创业、现代产业引领区;科技引领、智享未来、科技创新先导区;以人为本,汇才聚智,高端人才集聚区	和谐新城、和谐社会,和谐发展,依托高铁站打造,高铁站前商务区是其灵魂。锡东新城是无锡未来发展的希望	生态新城、和谐新城。主题是"资源节约,环境友好",实现由工业文明向生态文明转型
定位	充分发挥区位和自然资源优势,形成与其他片区功能互补的,充满活力和文化魅力的高品质、现代化综合性新城区	绿色低碳的典范,人与自然和谐发展的样本,新型城镇化的示范;苏州未来生态休闲旅游地和文明和谐宜居地;苏州21世纪现代城市现代化建设的标杆	苏州新经济示范区、新城市示范区、区域高端服务总部基地、区域性非银创新金融中心、枢纽型商业旅游服务中心、数据科技研发中心、商务外包服务基地,创智文化交流中心	无锡新的行政商务中心、科教创意中心和宜居休息中心,建设目标为城市新高地、产业新高地、旅游新天地、宜居新天堂,生态新标杆	承担无锡交通板纽城市级服务区域职能的教育、商业、旅游、城市居住等商务新城	出行便利、高效快捷的综合交通板纽;常州公共服务中心、商贸副中心和休闲旅游、滨水特色都市观光休体区;环境友好,配套完善,社会和谐的生态宜居新城区

续表

新城	苏州吴江太湖新城	苏州吴中太湖新城	苏州高铁新城	无锡滨湖新城	无锡锡东新城	常州北部新城
产业	重点发展休闲旅游业、房地产业、文化综合服务业、择机发展文化创意产业、商贸会展业、科技教育产业	高端现代服务业、创意创新产业、教育培训、创意创新、度假文化创意、商业贸易、健康医疗、创新金融产业	文化娱乐产业、技术服务产业、总部经济、旅游产业(传统文化体验、健康医疗养生、会议颁奖演艺、特色购物、现代都市休闲)	物联网、大数据、云计算、运动健康、文化、会展、旅游产业	通过发展以生态循环与知识创新为主的第四产业、重点发展现代服务业和服务外包	机械产业、电子产业、光伏产业、旅游动漫产业、创意产业、仪器与汽车电子及传感器产业等

资料来源:苏锡常各新城规划资料。

新城不仅仅是产业新城,同时又是居住新城,产城融合是各类新城的共同特点。新城利用土地出让获取资本,又将资本投入建成环境以提高新城的吸引力,打造新城生态宜居的自然环境。对耐用消费品和建成环境投资是本阶段资本循环的主要回路之一(图5-19)。"生态"与"和谐"是苏锡常建设六大新城的共同理念,由生产之城向生活之城转变,生产空间向消费空间转变,工业文明向生态文明转变,是苏锡常各新城建设的共同目标和最终归宿。

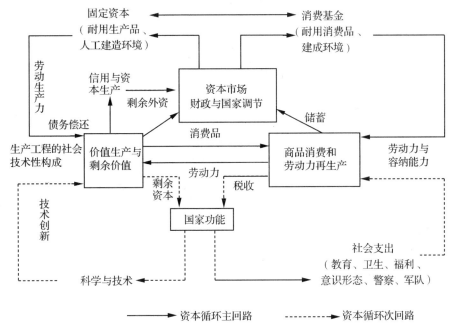

图5-19 苏锡常土地资本化阶段资本循环

5.4 城乡社会空间生产逻辑:权力–资本城镇化

城市化浪潮与全球化捆绑在一起,席卷世界的每一个角落。资本积累在城市化网络中的不同地方表现出来的吸引和排斥在时空上是不同的,也随其所涉资本派系不同而变化。金融(货币)资本、商业资本、工业–制造业资本、财产和土地资本、国际资本以及农业综合企业资本具有不同的需求,具有完全不同的为资本积累而研究开发城市化网络可能性方式。城镇化进程从形态上表现为空间扩张的过程,但"城市空间生产"更加注重城市化的内在驱动力。

　　计划经济时代,作为拥有权力的政府既是资源的拥有者又是资源的分配者,随着市场经济体制的实施,政府的权力发生了变革,权力变革的方向使政府成为资本的监管者和社会的管理者,角色的变化必然产生新的资本的拥有者。权力改革纵向上形成"中央政府-地方政府"的二级权力结构,横向上形成"权力—资本"的同盟关系。① 权力与资本从物质上改变了人和原有生产、生活资料之间的关系;在社会关系上断裂了与原有社会的联系,将其投入快速变化和动荡的社会网络的重构之中,"外部的急剧扩张"与"内部的激烈重组"的城镇化成为当代空间生产的主要特征。

　　拥有最高权力的中央政府通过制度变迁、产业政策和空间规划而影响整个空间生产,促进社会关系重构,同时通过控股国有银行进行间接控制资本的供给。

　　苏锡常地方政府作为空间规划和产业政策的实施者,与其他地方政府在招商引资、土地开发和产业发展上存在空间竞争。地方政府之间的空间竞争表现为对环境的竞争和对公共资源的竞争。自然环境、建成环境和社会环境构成竞争的主要环境要素。为了吸引资本和劳动力,必须加强建成环境(即资本的第二循环)投资。公共资源表现在土地、劳动力、公共财政以及公共政策方面。在社会转型时期,原有的社会机制尚未完全退出,新的社会机制还未完全形成,作为权力实施者的地方政府既是监管者又是经营者,地方政府必须依靠资本运行才能高效地推进城镇的空间生产;资本必须依靠权力,才能获得最快和最高利润的回报,因而形成"权力"和"资本"的共生关系。"权力作为一种资本"和"向权力寻租"也成为空间生产的力量,资本为了获得高额稳定回报,也在寻求权力的空间,从而进入"资本也是一种权力"的阶段(图5-20)。

---

　　① 杨宇振.资本空间化:资本积累、城镇化与空间生产[M].南京:东南大学出版社,2016:102 – 136.

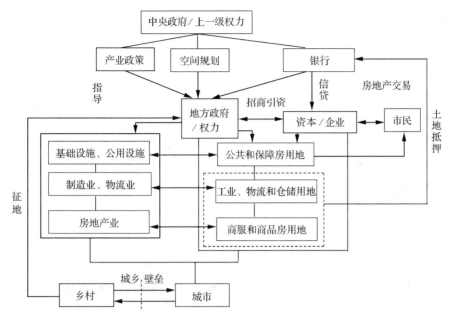

图 5-20 权力—资本逻辑下的苏锡常城乡空间生产

资料来源:作者自绘。

作为乡村的空间(土地)进入空间生产中,由于空间所有者(集体)权属不清,苏锡常地方政府通过"权力"和"政策"进行土地的征用,以获得更多的生产空间,同时将土地进行抵押,获得投资建成环境和公共资源的资本,提高本地的经济实力和政绩,获取更高的权力以进行空间生产。与土地利用密切相关的城市规划部门往往成为政府获取土地资源的重要工具,规划部门通过对土地利用性质的规划,从农民手中廉价获取土地,将农用地通过规划变成城市建设用地。土地性质的改变存在超额利润,而作为征地拆迁补偿、农民补助的支出远远小于土地拍卖收入。这种地方政府的"土地红利"或者新时期的"剪刀差"成为城市索取乡村的新型工具,引起越来越严重的城乡空间矛盾。

5.5 本章小结

城乡社会空间生产的逻辑机理是在"权力逻辑"和"资本逻辑"共同作用下的"权力-资本"城镇化过程。

苏锡常城乡社会空间生产的权力逻辑表现在中央权力通过户籍制度、土地制度进行空间隔离和要素控制,地方权力通过产业政策和城乡规划控制具体城乡空间生产。改革开放前,城乡隔离的户籍制度以限制人口流动为主,城市对乡村进行"剥夺性积累",是为中央权力控制的空间生产;改革开放后,地方政府企业化,随着财税制度改革、住房制度改革和土地出让制度实行,地方政府通过开发区建设推动生产性空间生产,1998 年以后,地方政府主导消费空间生产,土地资本化、空间城镇化成为地方权力参与空间生产的主要形式,2012 年推行新型城镇化建设以后,社会权力开始参与新型城乡社会空间生产。

苏锡常地区空间生产的资本逻辑经历计划经济时代(改革开放前)的国家资本主导的工业生产空间的生产,集体资本主导的以"苏南模式"为代表的乡镇空间生产,外资主导的开发区生产空间生产,国有资本、外资、民资共同参与的土地的空间生产四个阶段。资本循环由以工业品生产为主的第一级资本循环、以住房和城市建成环境为主的第二级资本循环、以城市创新空间生产为主的第三级资本循环三个阶段构成,由于资本积累的过剩,造成资本循环由第一级到第三级逐渐转移,通过时空压缩完成新的资本积累。

2012 年之前的苏锡常城乡社会空间生产的逻辑是"权力-资本"主导下的城镇化,地方政府必须依靠资本运行才能高效地推进城镇的空间生产;资本必须依靠权力,才能获得最快和最高利润的回报。因而"权力"和"资本"形成共生关系。"权力"和"资本"结盟成为新型空间生产的主导力量。

6　苏锡常城乡二元社会空间重构：苏州案例

城乡二元社会空间结构很大程度上是由城乡人口户籍不同造成的，不同户籍人口拥有不同的教育、医疗、社会保障权益，造成城乡户籍彼此事实上的不平等。破解城乡二元社会空间结构最根本的途径是消除城乡户籍的不同带来的社会权益的不同。因此，城乡一体化是城乡二元社会空间重构的重要路径。

苏州作为苏锡常最具代表性的城市，在破解城乡二元社会空间结构方面较早地进行了理论与实践探索，建立城乡一体化的体制机制，促进城乡社会空间重构。2008年，苏州成为江苏省城乡一体化发展综合配套改革试点地区，同年，苏州成为全国农村改革试验区和城乡一体化综合配套改革联系点；2009年，苏州成为第二批国家创新型城市试点；2011年，苏州成为全国农村改革试验区；2014年，国家发改委批复苏州成为全国城乡发展一体化综合改革试点和国家新型城镇化综合试点地区（江苏省），同年，国务院批复苏州为苏南国家自主创新示范区；2018年，苏州成为首批深化服务贸易创新发展试点城市（表6-1）。

表6-1　苏州城乡一体化改革及创新试点

年份	配套改革试点	批准部门
2008	江苏省城乡一体化发展综合配套改革试点地区	江苏省委、省政府
2008	全国农村改革试验区，城乡一体化综合配套改革联系点	国家发改委
2009	第二批国家创新型城市试点	国务院
2011	全国农村改革试验区	农业部（今农业农村部）
2014	全国城乡发展一体化综合改革试点	国家发改委
2014	国家新型城镇化综合试点地区（江苏省）	国家发改委
2014	苏南国家自主创新示范区	国务院
2018	深化服务贸易创新发展试点城市	国务院

资料来源：作者根据相关资料整理。

　　从资本循环角度看,单纯对城市建成环境和房地产投资的开发模式已经不能适应苏州的发展。资本出现过剩,过剩的资本开始投入科学技术,包括教育、卫生等方面,进入资本的第三循环。以经济驱动的增长模式开始向以创新驱动的增长模式转变,以化地为主的传统城镇化开始向以人为核心的城镇化转变。新型城镇化强调"城乡统筹、城乡一体、生态宜居、和谐发展",强调"以人为本",城市权利共享,本章以苏州为例,从城乡一体化空间生产和创新空间生产角度探索苏锡常的城乡二元空间重构。

6.1　苏州城乡一体化的背景

　　苏州自古以来就是中国经济较发达的地区之一, 20 世纪 80 年代苏南乡镇企业的崛起,形成闻名全国的"苏南模式",促进了乡村工业的发展,缩小了城乡差距。20 世纪 90 年代以后,特别是随着苏州高新区和苏州工业园区的建立,苏州以其优越的地理位置、良好的交通条件及毗邻上海的巨大优势,开始进入以外向型经济为主的阶段,苏州以不到全国 0.1% 的土地,实现了全国 10% 的进出口总额,出口总额连续 10 年位于全国第三位,实际利用外资分别占江苏省的 1/3 和全国的 10%。[①] 苏州开始进入城市工业化阶段,变成实际意义上的"世界工厂"和"制造基地"。但是,苏州城市规模的扩张,导致资源的大量消耗,生态环境逐渐恶化,同时,作为"世界工厂"基地吸引越来越多的外来人口,成为江苏省人口最多的城市和全国人口十大城市之一,这些给苏州带来经济、社会和生态等各方面问题。此时,城市空间生产的主导力量是外资驱动,随着市场化和全球化的发展,外资将发达国家过剩产能进行空间转移,以追逐更加高额的利润回报。资本追求的经济效益和地方政府追求 GDP 政绩的要求正好结合,形成权力和资本的同盟,资本获取回报,权力获取政绩,而居民尤其是农民以及进城务工人员的利益往往被忽视,同时,社会和生态效益也被忽视。此阶段的空间生产是全球资本和本地地方权力主导下的空间生产,缺乏对社会空间应有的关注,是一种不可持续的发展模式。

　　进入 21 世纪以来,苏州开始探讨破除城乡二元结构的路径,建立城乡一体规划、现代农业发展、富民强村、生态环境建设以及公共服务均等化等长效机

---

　　① 苏州:"转身"之后,胸襟更开[EB/OL]. http://news.163.com/12/0328/04/7TLHEF1P00014AED. html#from = relevant.

制,进行城乡社会空间重构,城乡一体化已经成为苏州最大的特色、最大的品牌和最大的优势。

任何一项改革都离不开制度安排和制度变迁。制度安排是约束特定行为模式和关系的一套行为准则。[①] 制度变迁最根本的目的是提高社会总体收益。苏州城乡一体化是一种自上而下的制度变迁,通过政府规划、土地制度改革、社会制度改革促进苏州城乡一体化(表6-2),给予乡村农民土地财产权,作为集体土地所有者的农民进入苏州城市空间生产中,与地方政府共同享有土地红利,提高了农民收益,缩小了城乡差距。

表6-2　苏州城乡一体化改革措施

改革措施	具体措施
一图	市镇村规划于"一张图"上,确定城乡空间布局和区域主题功能区定位
三集中	工业向规划区集中;农民向社区集中;农用地向规模经营集中
三置换	农民将土地经营权置换土地股份合作股权;宅基地置换商品房;集体资产置换股份
三大合作	农村社区股份合作;土地股份合作;农民置业股份合作社(富民合作社)
三大并轨	城乡养老保障并轨;城乡医疗保障并轨;城乡低保并轨
四个百万亩	百万亩优质粮油工程;百万亩特种水产工程;百万亩高效园艺工程;百万亩生态林地工程

资料来源:作者根据相关资料整理。

6.2　苏州农村土地制度改革

6.2.1　乡镇企业发展时期

1978年到20世纪80年代末,是苏州乡村发展的第一个时期,其主要特征是通过乡镇企业推动农村工业化。国家实行农村土地承包责任制解放了农村的生产力,同时国家实行城乡二元的管理制度,限制农民进城,苏州的乡镇利用上海与苏州以及周边城市的技术和人才,利用农村的集体用地,建立起乡镇企业,实现了苏州农村的第一次发展,形成中国特色城镇化的苏南模式。

---

① 汪洪涛.制度经济学:制度及制度变迁性质的解释[M].上海:复旦大学出版社,2009:6.

此阶段苏州的土地制度改革一方面在国家总体改革思路上实行农村土地承包责任制;另一方面开创地利用农村土地建立乡镇企业,吸收农村剩余劳动力,在不影响城乡二元结构的前提下,促进了农村的发展。

此阶段农民可以参与乡镇企业工业生产,同时从事农业生产,进厂不进城,农民土地作为乡镇企业工业生产空间,进入工业生产,农民从中获取工资收益,同时也从集体乡镇企业分红,分享一部分土地红利(图6-1)。

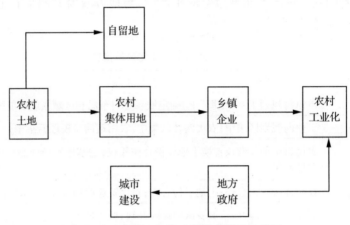

图 6-1　乡村工业化时期的农村土地利用

资料来源:作者自绘。

6.2.2　快速工业化和城镇化时期

20 世纪 90 年代以来,全国开始进入快速工业化时期,苏州高新区和苏州工业园区的相继成立,需要大量的土地。此时农村土地经过征用转为国有土地,再转让给企业,尤其是外企建厂,发展工业,实行快速工业化。农民通过拆迁补偿获得住房和相应的社保,农民变成市民,同时也失去了土地,成为"城市失地市民"。此阶段苏州农村土地制度只是在征用制度方面和补偿标准方面有所提高,解决了失地农民的社保问题,但是失地农民无法从城市快速工业化和空间生产中获得土地增值带来的收益,农民的社保水平与城市居民的社保水平存在差距,大部分年长的农民由于缺少一技之长,在城市里变成"失业市民",而这些"失业市民"的低保相对城市居民低保标准较低,无法满足保证基本生活质量的要求(图6-2)。

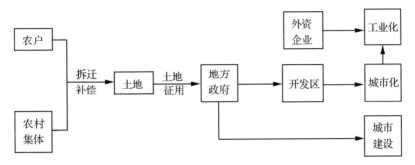

图 6-2　快速城镇化时期农村土地征用

资料来源：作者自绘。

6.2.3　城乡一体化时期

进入 21 世纪以来，苏州开始探索中国特色的城乡发展道路。要破除城乡二元结构，提高农民收入水平，缩小城乡差距，首先必须让农民拥有财产收益，让农民参与城市空间生产，而不是让农民只获得"征地拆迁补偿"的一次性收益。而农民最大的财产就是土地，因此，对于农村土地制度改革的探索开始进行。

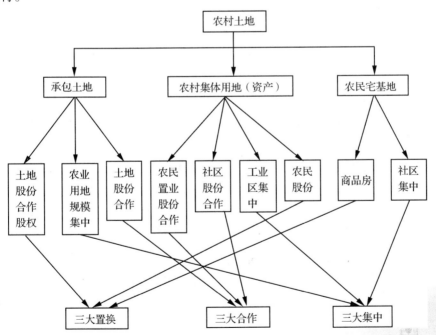

图 6-3　苏州城乡一体化时期农村土地制度改革

资料来源：作者自绘。

　　"三大置换""三大合作""三大集中"是苏州实现城乡一体化、缩小城乡差距的主要举措(图6-3)。"三大置换"在不改变农村土地集体所有的前提下,通过将农民的土地经营权(承包权)与土地股份合作股权置换,使农民长期享有土地增值带来的收益,农民自身参与城市空间生产,并且成为空间增值的所有者,保障了农民的基本权益,为农民收益可持续提高奠定了稳定的基础。在遵循自愿的基础上进行宅基地与城镇商品房置换,既满足部分农民对宅基地的所有权属的拥有需求,同时也让部分农民真正实现城镇化。农民的集体资产置换为社区股份公司或农民合作社的股权,保障农民对集体资产的所有权和收益权。

　　"三大置换"从本质上看是农民对土地财产的自愿交换。农民的土地财产包括承包的土地、宅基地以及集体资产用地,这些原来无法体现市场价值或市场价值被城镇剥夺的土地财产,通过置换成为农民的股权,使农民享受到农村土地制度改革带来的红利,同时由原来的乡村空间生产进入城市空间生产,并占有部分城市空间,享受城市空间权利。

　　"三大合作"是苏州农村广泛采用的三种合作模式,即农民(农村)土地股份合作社、农民(农村)专业合作社和农民(农村)社区股份合作社。其根本是土地资产的合作,包括农村承包土地、农村集体资产以及农村生产经营三个方面的合作。农村"三大合作"是改革农村生产关系、促进农村生产力发展、发展现代农业、优化农村资源尤其是土地资源的重要举措。三大合作尤其是农民(农村)社区股份合作解决了集体产权归属的模糊问题,农民参与集体资产的经营和管理,保护自身的合法权益。比如苏州成立土地股份合作社,农民将自身承包土地参股以后,一般每年可以享受300~1 000元每亩的收益,如果合作社经营顺利,还可以享受二次分红。

　　"三大集中"指的是工业用地向规划园区集中,农民居住地向社区集中,农民承包土地规模集中。"三大集中"主要体现在对土地资源的节约,促进产业集聚,改变农村传统落后的低效生产模式,为农业现代化、新型城镇化打下良好的基础。同时农村居民向城镇、社区集中也改变了长期以来传统的生活方式,传统乡村民居空间模式、乡村生活模式被打破,农民对乡村空间的独自生产演变为城市空间生产的一部分。"三大集中"是农民生活空间的重新生产,由农村生活空间变成城市生活空间,从消费上农民开始进入城市资本循环。

　　苏州"三大置换""三大合作""三大集中"的城乡一体化模式的核心是农村土地制度改革,在保障农村集体土地所有权的前提下,对农村土地的经营权、承包权以及宅基地等进行改革,一方面将农民的分散的土地置换成股权(权属发生改变,由个人承包权变成集体股份所有权),同时又集中经营,极大地节约了劳动力，提高土地的生产效率，对于城镇郊区的土地进行股份合作开发，农民承包的土地或者宅基地变成股份合作公司股份或商品房，农民在获得城市空间（住房）的基础上，也参与了城市的空间生产。

6.3　苏州户籍制度改革

苏州在1958年以后与全国一样实行城乡分离的二元户籍制度，经过改革开放后乡镇企业的发展，实现乡村工业化，部分农民虽然实际上变成了工人，但是本着"离土不离乡，进厂不进城"的思路，苏州城乡户籍的对立并没有发生变化。

1997年国家开始逐渐放开小城镇户口，1998年以后住房制度改革导致房地产经济快速发展，部分大城市开始进行户籍制度改革的探索，如上海、深圳等城市开始实行"蓝印户口"政策，对于投资、购房以及有特殊技能的人才可以根据相关政策获得"蓝印户口"，享受子女教育、医疗和社会保障等权益，经过一段时间以后，"蓝印户口"可以转为正式户口。与此同时，苏州的户籍制度改革也在逐步地进行探索。

（1）苏州工业园区户籍制度改革探索

作为试点，苏州工业园区在1997年8月21日颁布《苏州工业园区蓝印户口管理办法》，本着户籍改革的精神，实行"暂住户口—蓝印户口—常住户口"的户籍管理模式，主要针对在园区投资或被园区企业聘用的非常住人员和暂住人员，经过申请，可以获得蓝印户口。拥有蓝印户口3年以上；或者具有大专文化程度，具有初级专业技术职称，或持中级技术等级证书，持蓝印户口满2年；本科文化程度，或者具有中级专业技术职称，或持高级技术等级证书，持蓝印户口1年以上，可以申请转为常住户口。苏州工业园区"暂住户口—蓝印户口—常住户口"模式是苏州户籍制度改革的首次探索，但是仅仅限于苏州工业园区，没有在全市范围内实施。

（2）居民户口正式实施

2003年4月30日，苏州市人民政府发布《苏州市户籍准入登记暂行办法》，首次在全市范围内取消"农业户口"和"非农业户口"，统称为"居民户口"。正式宣告城乡二元户籍制度解体。规定在苏州市范围内满足具有合法固定住所（拥有自己的产权房屋或者租住属于公有产权并领取使用权证的房屋）、稳定职业（签订劳动合同，参与社会保险）或生活来源基本条件的人员可以准予迁入户口。同时对于投资入户、购房入户等入户方式做出了详尽规定（表6-3）。

2007 年《苏州市户籍准入登记暂行办法》修订版发布,提高了投资入户与购房入户的条件,将投资标准由原来的 50 万元提高到 100 万元,购房入户条件从严,面积标准为不论单身还是已婚都是 75 平方米及以上,同时要拿到房产证 3 年以上才能办理户口迁移。

表 6-3　苏州户籍制度改革变迁

年份	政策文件	户籍改革内容	适用范围
2003	《苏州市户籍准入登记暂行办法》	① 全市范围内取消"农业户口"和"非农业户口",统称为"居民户口"。 ② 户口迁入实行准入制,在本市满足具有合法固定住所、稳定职业或生活来源基本条件的人员准予迁入。 ③ 中高级专业技术人员、大学毕业生、海外留学人员等被单位聘用并有合法住所,缴纳社保满 2 年可以迁入。 ④ 市区投资 50 万元以上,或者累计纳税 5 万元以上并具有合法住所,其户口准予迁入。 ⑤ 市区购商品住房,单身 50 平方米以上,已婚 75 平方米以上,并被单位合法聘用,缴纳社保、医保、公积金或者经商具有稳定收入户口可以迁入。 ⑥ 其他国家政策规定的入户方式。	从苏州市以外迁入苏州的居民
2007	《苏州市户籍准入登记暂行办法(修订)》	①②③的条件与上述 2003 年政策中对应条款一致。 ④ 市区投资 100 万元以上,并合法经营 3 年以上;或近 3 年累计纳税 20 万元,并缴纳社保 3 年以上,同时拥有合法住所的人员。 ⑤ 市区购成套商品房 75 平方米以上,房屋所有权证 3 年以上,且被单位合法聘用 3 年以上;或市区经商、兴办企业 3 年以上,近 3 年累计纳税 5 万元以上,并缴纳社保 3 年以上人员可以迁入。 ⑥ 其他国家政策规定的入户方式。	从苏州市以外迁入苏州的居民
2011	《关于鼓励农民进城进镇落户的若干意见》	全市范围内实行城乡统一的以稳定住所为基本条件,办理户口迁移的户籍登记管理制度,不受房屋产权、本地就业、参保等条件限制,大大降低本市农民进城的门槛。	苏州市区和当时五县市居民的户口迁移
2016	《苏州市户籍准入管理办法》《苏州市流动人口积分管理办法》	① 国家政策规定的入户方式。 ② 流动人口积分入户方式,通过基础分、附加分和扣减分等措施,形成流动人口的总积分,按照排名,根据每年人口落户计划,进行落户。	

资料来源:作者根据相关资料整理。

（3）城乡一体化背景下的本市农村人口进城入户条件降低

2011年，苏州为了促进城乡一体化，鼓励本市农民入城，简化了农民户口迁移的条件。主要以在苏州城乡具有稳定住所为基本条件办理户口迁移，不受社保、就业、参保等条件限制，大大降低了本地农民进城的门槛，实现了农民享有进行城市空间生产的权利。2012年吴江市并入苏州市区，成为吴江区，为了统一苏州市区居民的权益，2014年吴江区和苏州市区户籍并轨，在吴江投资或者购房，达到相应条件，户口可以迁入苏州市区。

（4）2016年以来的积分入户制度改革

2016年9月1日，苏州开始实施新的户籍改革制度，使用积分管理，采用基础分（表6-4）、附加分（表6-5）和扣分标准（表6-6），每年根据城市容量，设定户口准入人数，根据积分排名，按照先高后低的顺序办理户口准入。2016年6月8日，苏州市人口积分管理办公室根据流动人口计分标准公布了首批苏州市流动人口积分入户名单，为申请人员的前950名（户），标志着苏州人口积分落户政策正式开始实施。①

苏州市每半年公布一次积分落户名单，截至2018年年底，已经公布6批积分落户名单。一共落户8 252户（表6-7）。

表6-4 苏州市流动人口积分管理计分标准——基础分

类别	项目	积分类别	分值
基础分	年龄	18—40岁	10
	文化程度	大专（高职）	30
		大学本科	60
		硕士研究生	200
		博士研究生	400
	技能人才职业技能等级或专业技术人才职称资格	职业技能等级五级（初级工）	10
		职业技能等级四级（中级工）、专业技术资格初级职称	30
		职业技能等级三级（高级工）、专业技术资格中级职称	50
		职业技能等级二级（技师）	100

---

① 2016年上半年苏州市流动人口积分入户名单公示［EB/OL］. http://news. 2500sz. com/news/ szxw/2016 - 6/9_2941397. shtml.

续表

类别	项目	积分类别	分值
基础分		职业技能等级一级(高级技师)、专业技术资格副高级以上职称	300
	参加社保情况	苏州大市范围内参加城镇职工社会保险每满一个月,加5分	限500
		缴纳住房公积金每满一年,加5分	限50
	房产情况	市区拥有自有产权房建筑面积大于等于75平方米且居住,加60分	限200
		75平方米以上,每增加25平方米,加20分	
	居住年限	苏州市区连续居住时间每满1年,加30分	限300

资料来源:《苏州市人民政府关于苏州市流动人口计分管理积分标准的通知》,《苏州市人民政府公报》2015年12月20日。

表6-5　苏州市流动人口积分管理计分标准——附加分

类别	项目	积分类别	分值
附加分	计划生育	符合计划生育政策并出具有效证明的(2019年起加分取消)	100
	专利创新	发明专利获得授权并计入苏州市授权数据的第一发明人,加30分/件	不限
		实用新型专利第一发明人,加10分/件	限60
	表彰奖励	获得的区党委、政府及区部、委、办、局表彰奖励的,每次加10分	限30
		获得的市党委、政府及市部、委、办、局表彰奖励的,每次加20分	限60
		获得的地级党委、政府及厅级以上表彰奖励的,每次加40分	限120
		获得国家比赛前三名,每次加100分	不限
		获得国家比赛前八名,江苏省前三名,每次加40分	限100
		获得国家比赛前十六名,江苏省前八名,每次加30分	
		获得苏州市体育比赛前三名,每次加20分	限60
		获得苏州市区级比赛前三名,每次加10分	限30
	社会贡献(近5年之内)	在苏州市见义勇为,每奖励200元,加5分	不限
		在苏州市参加志愿者,服务时间超过24小时	5

续表

类别	项目	积分类别	分值
附加分		一星级志愿者(100 小时以上)	10
		二星级志愿者(300 小时以上)	20
		三星级志愿者(600 小时以上)	30
		四星级志愿者(1 000 小时以上)	40
		五星级志愿者(1 500 小时以上)	50
		在苏州市参加义警的	10
		参加捐赠每 2 000 元加 5 分	限 30
		无偿献血，每200 毫升加 5 分	限 35
		捐献血小板一个治疗量加 10 分	
		其他城市献血并有证明的加 5 分	
		在苏州市实现造血干细胞采样的	10
		在苏州市捐献造血干细胞的	80
		在苏州市捐献遗体(角膜、器官)，由其直系亲属申请(仅限一人)	80
		在苏州市从事环境卫生工作的	30

资料来源：《苏州市人民政府关于苏州市流动人口积分管理计分标准的通知》，《苏州市人民政府公报》2015 年 12 月 20 日。

表 6-6　苏州市流动人口积分管理计分标准——扣减分

类别	项目	积分类别	分值
扣减分	违反计划生育政策	本人或配偶非法为他人施行计划生育手术、利用超声技术和其他技术手段进行非医学需要的胎儿性别鉴定或选择性别等人工终止妊娠	−50
	违法犯罪	近五年内受过刑事处罚的、参加国家禁止的组织或活动的，每次扣 200 分	不限
		近五年内受过限制人身自由行政处罚的，每次扣 100 分	不限
		一年内在苏州市因违反城市管理、非法行医、违反食品药品安全法、劳动保障、文化、卫生、工商、税收、住房公积金等法律而受到行政处罚的行为人或个体户、企业的投资人及法定代表人，每次扣 50 分	不限

类别	项目	积分类别	分值
扣减分	失信行为	拒不履行人民法院裁决的失信行为,每次扣50分	不限
		一年内在本市市区内因税收违法违规行为,经责令限期整改仍未改正的,每次扣30分	不限
		因违反规定被取消医疗保险定点资格的,法人代表扣50分	不限
		用人单位欠缴职工社会保险费的,法人代表扣50分	不限
		在本市存在住房公积金违规提取、违规贷款、恶意拖欠贷款等行为,纳入中国经济失信人员名单的,每次扣30分	不限
		单位欠缴、少缴职工住房公积金的,法人代表扣30分	不限
		单位不缴职工住房公积金的,法人代表扣30分	不限
		单位一年内因住房公积金违法违规行为,经责令限期整改仍未改正的,法人代表扣30分	不限

资料来源:《苏州市人民政府关于苏州市流动人口积分管理积分标准的通知》,《苏州市人民政府公报》2015年12月20日。

表6-7　苏州积分落户户数统计(2016—2018)

年份	上下半年	积分落户户数
2016	上半年	950
	下半年	1 798
2017	上半年	1 095
	下半年	1 769
2018	上半年	1 095
	下半年	1 545
总户数		8 252

资料来源:苏州政府网站 http://www.suzhou.gov.cn。

苏州新的户籍准入制度有以下特点:

(1)苏州流动人口户籍准入统一纳入积分管理

原来的"投资入户"和"购房入户"于2016年1月15日起改为"积分入户",相当于投资和购房入户条件提高,间接淡化了经济因素在苏州市户籍准入中的作用,但在2016年12月31日前拿到房产证的购房家庭享受原来政策。

(2)提高流动人口入户的可能性

原来只能按国家政策入户或投资及购房入户的家庭由于经济方面的原因

无法入户,在新的户籍准入制度下,只要通过积分,达到年度排名条件要求的,就可以获得户籍准入。

(3) 统称"居民户口"

苏州大市城乡居民没有"农业户口"和"非农业户口"之分,统称为"居民户口",苏州市基本实现城乡一体化。

(4) 苏州积分入户难度较高

从积分入户基础分来看,分值在 100 分以上的包括硕士以上学历人群(硕士 200 分,博士 400 分)、高等技能人才(技师 100 分,高级技师 300 分)、缴纳社保(500 分)和公积金(50 分),满分至少需要缴纳社保 8 年以上。相对而言,住房积分最高只有 200 分,住房不再是最重要的入户条件。当然,对于高学历人群和具备等级证书的技能人才加分较高,这具有很大的吸引力。这也与苏州进行转型升级,需要更多创新型人才和高技能人才有关。新户籍政策对入户人口的整体素质提出更高的要求。此外,积分制度实施以来,由于每年有计划指标限制,每年平均解决入户 2 000 多户,累计积分入户 8 252 户,相对吸引力较弱。2019 年 5 月 11 日,苏州工业园区住房实施新的限售措施,对区内新取得预(销)售许可的商品住房,房地产开发企业应当将不少于预(销)售许可建筑面积 60% 的住房优先出售给在园区就业、创业并连续缴纳社保或个税 12 个月及以上,且个人及家庭(含未成年子女)在本市无自有住房的本科及以上人才,或园区人才办认定的其他高层次紧缺人才;房地产开发企业在这些人优先购买后,方可公开销售 60% 范围之外的剩余住房。① 从这个条件看,苏州尤其是工业园区未来入户条件主要针对高学历人群,低学历人群不但享受不到人才优惠,而且高房价会将其排除在外。

(5) 外来务工人员得到加分的指标较少

由于许多农民工没有签订劳动合同,采用包工头包工形式,因而也缺少社保缴纳年限,在学历、奖励、购买住房等方面基本没有加分,最多在参与志愿者或者义务献血等社会贡献方面有可能加分,因而苏州的户口准入制度实际将占流动人口大多数的农民工排除在外,在城市与农民工之间重新建立了"积分"的门槛。

(6) 减分

对于违法犯罪以及失信行为人员或单位法定代表人,给予扣减分,并且不封顶,力求提高新入籍人员的综合素质,这有利于提高公民的法制观念和思想道德素质,促进城市的和谐发展。

---

① 苏州工业园区调整新购住房学位政策:五年一学位改为九年[EB/OL]. https://news.fang.com/open/32392408.html.

6.4 苏州社会制度改革

6.4.1 城乡三大社保制度并轨

苏州大市范围内在 2003 年取消"农业户口"和"非农业户口",统称为"居民户口",但是城镇与农村居民户口在社会保障方面仍存在差异,农村居民参加的是"新农合"的医疗保障以及"新农保"的社会养老保障,失业保障标准也比城镇居民低。从 2007 年开始,苏州按照"土地换保障"的办法,鼓励农民"三大置换",也就是将承包土地、宅基地以及住房置换成社会保障,并通过财政补贴的方式引导灵活就业的农民缴纳社保直接参与城镇社会保障。参加"新农保"的人员从 2007 年的高峰时 182 万人,下降到 2011 年的 12.9 万人。2011 年年初,苏州市委市政府宣布将在 3 年内实现社会低保、养老保险和居民医疗保险的城乡"三大并轨"。2011 年 7 月 1 日,苏州城乡低保并轨,农村居民低保标准与城镇居民低保标准一致,每人每月 500 元,实现了城乡低保并轨。2012 年 12 月 26 日苏州市人社局发布文件规定,苏州市居民养老保险和居民医疗保险覆盖率达到 99% 以上。按月享受的养老待遇覆盖率 100%,居民医疗、养老保险和城市低保"三大并轨"提前一年实现,同时失业保险、工伤保险和生育保险覆盖率均达到 99% 以上,苏州成为中国首个实现社保城乡并轨的城市。

社保"三大并轨"是城乡一体最典型的标志,代表中国几千年来的城乡鸿沟已经填平,苏州真正实现了城乡居民待遇平等,农村居民与城镇居民一样参与城乡空间生产,享有城市权利,享有城乡一体的教育、医疗、就业、养老保障。

6.4.2 生态补偿制度改革

生态补偿指主要通过财政转移支付方式,对因承担生态环境保护责任使经济发展受到一定限制的区域内的有关组织和个人给予补偿。苏州正处于工业化发展、新型城镇化提升和城乡一体化推进的新阶段,经济的快速发展带来日益严峻的环境问题,同时人民群众对生态环境的保护具有强烈诉求。为了鼓励企业绿色发展,保护生态环境,苏州市自 2011 年起实施生态补偿机制。2014 年 4 月 28 日苏州市第十五届人大常委会第十三次会议全票通过《苏州市生态补偿条例》,提出保护和发展农业的"四个百万亩",即百万亩优质粮油工程、百万亩特种水产工程、百万亩高效园艺工程、百万亩生态林地工程(表 6-8)。在城市工业化和城镇化发展的新时期,用于保护和发展农业的"四个百万亩"保障了现代农业发展空间,促进生态文明建设,同时也保护了乡村的空间生产。作为配套"四个百万亩"的生态补偿制度,通过财政补贴的形式鼓励农民从事粮食、水产、园艺、林业等方面的生产,保护了自然环境和乡村的自然面貌,实现了经济、社会和生态效益的有机统一,走出了一条生态良好、"看得见山"及"望得见水"的可持续发展道路。

表6-8　苏州市保护和发展农业"四个百万亩"指标分解表　　单位:万亩

项目名称		小计	张家港市	常熟市	太仓市	昆山市	吴江区	吴中区	相城区	工业园区	高新区
"四个百万亩"总面积		415.56	53.8	81.1	48.6	49.7	84.4	53.3	22.0	4.56	12.3
(一) 优质水稻	面积	110.56	24.0	29.0	18.0	13.0	20.0	3.0	3.0	0.06	0.5
	其中:永久性保护面积	104.56	22.0	27.0	16.0	13.0	20.0	3.0	3.0	0.06	0.5
(二) 特色水产	面积	100.00	4.8	16.0	6.0	17.5	30.0	10.2	8.3	1	0.4
(三) 高效园艺	面积	100.00	14.0	24.1	15.6	7.2	14.9	18.0	2.7	0	3.5
	① 常年菜地	35.00	5.5	11.6	8.1	2.7	2.9	2.5	1.2	0	0.5
	② 季节性菜地	15.00	3.0	5.0	4.0	1.0	1.0	0.5	0.5	0	0
	③ 花果茶桑	50.00	5.5	7.5	3.5	3.5	11.0	15.0	1.0	0	3.0
(四) 生态林地	面积	105.00	11.0	12.0	9.0	12.0	19.5	22.1	8.0	3.5	7.9

资料来源:苏州市政府《关于进一步保护和发展农业"四个百万亩"的实施意见》(2014)。

6.5　城乡一体化空间生产与城乡社会空间重构

苏州通过"三大集中""三大置换""三大合作"进行农村土地制度改革,在不改变土地集体所有制的前提下,实现农民土地收益权,农民开始参与城市空间生产。同时,苏州进行户籍制度改革和社会制度改革,农民开始享受与城镇居民同等的社会权利,城乡空间生产从传统的"权力 + 资本"的空间生产,开始转向"权利 + 资本"的空间生产。

6.5.1　苏州城乡空间实体的生产

苏州城乡空间实体的生产主要以土地合作社为主。2002年1月8日,吴中区胥口镇成立了苏州首家土地股份合作社;2006年3月27日,吴中区横泾街道上林村土地股份合作社成为全国第一家申领了土地股份合作社工商营业执照的土地合作社。从此土地合作开始成为苏州市农村合作的主要形式之一。

苏州城乡一体化中"三大合作"包括土地股份合作社、专业合作社和社区股份合作社,其中土地股份合作社以承包土地经营权作为折股,进行不同层次的合作,包括由行政村集体组织发起、村干部主导的社区型土地股份合作社,农民自发成立的"农户＋农户"型土地股份合作社,公司主导的"公司＋农户"型土地股份合作社以及政府引导型土地股份合作社(表6-9)。

表6-9 苏州城乡一体化空间实体的生产

空间生产实体	社区型土地股份合作社	"农户＋农户"型土地股份合作社	"公司＋农户"型土地股份合作社	政府引导型土地股份合作社
空间生产方式	以行政村或自然村为单位,将集体土地进行折股,分摊到每个社区成员	农户自发将资金、土地承包经营权折价入股成立土地股份合作公司	企业投资,农户以土地经营权、劳动力或其他生产要素入股,成立土地股份公司	政府引领,把诚信较好的企业树立为标杆,将分散的资金、土地、劳动力吸引在一起参股组建土地股份合作社
主导	村干部	农民	公司	公司
发起者	行政村集体组织	农民自发	涉农企业	政府
代表	吴中区横泾街道上林村土地股份合作社	吴中区木渎镇金星村社区股份合作社	太仓市沙溪镇米中村苗木土地合作社	吴中区临湖镇湖桥集团

资料来源:作者根据相关资料整理。

土地是农民的根本财产,集体所有制下农民土地承包权以及宅基地无法变成财产,这也是造成城乡差距最主要的原因之一。《关于农村社区股份合作制改革实施意见(试行)》(2002)和《关于积极探索土地股份合作制改革的实施意见(试行)》(2005)这两项政策文件确定苏州开始实施土地股份合作制改革。所以苏州城乡空间生产最根本的实体是苏州地方政府,但是农民自发组织的合作社的成立成为城乡空间生产的基本动力和诱因,自下而上的土地制度变迁成为苏州农村集体土地制度改革的主要形式。

6.5.2 苏州城乡社会关系的生产

在城乡一体化之前,城镇与农村是二元的城乡关系,城镇居民的社会关系多元异质,而农村社会关系以宗氏和血缘关系为基础,表现得比较单一同质。苏州实行城乡一体化体制以后,城乡社会关系发生了根本改变。原先二元的城乡社会关系开始演变成多元化社会关系(图6-4)。一部分集中居住的农民由原来单一同质的社会关系演变成多元异质的城镇关系,农村一部分流动人口在工作空间和生活空间上表现为城镇的以业缘为核心的社会关系,但是依然以家族、同村等血缘和乡缘关系存在,表现多元化。还有一部分农村居民依然生活在农村,但是社会生活方式已然城镇化,社会关系表现为城乡融合的特点。

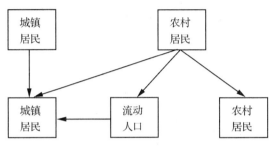

图6-4　苏州城乡社会关系变化

6.5.3　苏州城乡社会空间重构

(1) 城乡空间生产行为重构

苏州城乡空间生产的主体包括地方政府(市政府)、集体(各级行政村及自然村、公司)和农民个体三部分。

地方政府根据不同的权力和职能,在空间生产的不同阶段采用不同的支持形式。早期通过税收减免等方式扶持具有特色的土地股份合作社运行,等时机成熟后进行市场化运作,称为政府引导型空间生产;政府有关职能部门利用本部门的人才、资金、信息、技术、市场等优势牵头成立土地股份合作社,称为政府依托型空间生产;大部分情况下政府通过各类政策鼓励支持农民或者公司成立土地股份合作社,称为政府支持型的空间生产。[①] 土地制度改革尤其是农村土地制度改革关系到土地权利的归属,因此各级地方政府的态度以及政策支持是实现苏州土地制度改革和城乡空间生产最主要的动力机制。

集体在苏州城乡空间生产中担当重要的角色。行政村或者自然村负责人成为土地股份合作实际上的主导者,这些集体资产的实际代言人牵头组织农民将承包土地折股,吸引农民入股,同时由于本身资本、技术、管理等方面的优势而成为实际上带动土地合作社形式的"能人",他们往往在土地股份合作社中占有较多的股份,在利益分配、重大决策、人事安排等方面享有决定权,这些集体资产的代言人很大程度上影响空间生产的进程。公司为了获取更多的土地经

---

① 张婷婷.苏州市城乡一体化进程中的土地股份合作社研究[D].苏州大学硕士学位论文,2013.

营,必须与农民签订长期合同,或者组建成"公司＋农户"的土地合作模式,公司以资本和技术入股,农民以承包土地以及劳动力入股,在相对公平、自愿的基础上组成土地股份合作公司。相对于农民主导的土地股份合作社和政府主导的土地股份合作社,公司主导的土地股份合作公司更加体现市场行为,实现市场价值,但是可能存在农民对公司经营不了解,公司侵犯农民利益的行为发生。

农民作为土地承包权的所有者,本应成为空间生产的主体。但由于土地集体所有制的根本属性决定了农民无法独自进行土地的空间生产。在地方政府政策的支持下,农民开始出现"农户＋农户"土地合作模式,这是最基本的自发的空间生产形式,理论上收益应该最高。但由于农民管理知识、政策识别以及经营能力等方面的欠缺,这种"农户＋农户"的土地股份合作社一般出现在市场发育程度较低、经济发展水平较低、农民组织化程度较低的地区。这种土地股份合作更多体现在土地的承包经营上,无法进入城镇空间生产,因此,其无法获得远远超过土地农业经营的收益。

传统城市空间生产的主体是城市,由地方政府主导,向农村征用土地,通过拆迁将农民城镇化,农民获得拆迁补偿款和拆迁安置房。当时看来,农民获得很大的利益,并且享有城镇的社保,但是农民远远没有获得自己宅基地和承包土地空间生产的溢价,这些土地溢价被地方政府和开发商侵吞,许多农民成为城镇里新的失业者。空间生产以消费空间生产进行房地产开发为主,房地产业成为各级政府的支柱产业。总体上看还是城市排斥乡村。

苏州城乡一体化背景下空间生产主体包括地方政府、集体组织和农民以及公司。农民可以用自己承包的土地入股,不但可以实现城镇化,而且可以获取土地增值收益以及就业机会,空间生产不仅有生产空间生产(工业生产),还有生活空间生产和消费空间生产,产业不仅包括城市的工业、商业和房地产业,还包括农业、旅游业等多业态,产业发展均衡(表6-10)。

表6-10 苏州城乡空间生产行为分析

类别	城市空间生产	城乡一体化空间生产
主体	城市	城市与农村
主导	地方政府	地方政府、集体、企业与农民个体
城乡关系	城市主导,排斥乡村	城乡共同发展
利益关系	城市获取土地溢价,农民获补偿款和拆迁安置房	农民获得拆迁安置房,同时获得土地增值收益以及就业机会
产业	工业、房地产为主	房地产、工业、商业、农业、旅游业等多业态

资料来源:作者根据相关资料整理。

（2）苏州城乡资本循环重构

苏州城乡一体化主要体现在空间生产的主体是城乡一体社会，城乡一体社会为空间生产提供土地，空间生产的收益归于城乡一体社会，同时，政府通过税收获取收入，反过来通过集体消费即对建成环境的投资反哺城乡一体化社会，从而构成良好的资本循环。

从资本循环回路视角看，农村承包土地以及宅基地源源不断提供于城乡空间生产，进入资本市场，农村过剩资本也进入资本循环的第一阶段（生产资料的生产），农村劳动力进入商品消费和劳动力再生产循环，原先被完全割裂的城市空间生产和农村空间生产因为城乡一体社会而相互融合，同时城市过剩资本开始进入农村的空间生产，乡村振兴和美丽乡村建设开始进入城乡资本循环之中，城市资本将会对乡村振兴起到很大的推动作用（图6-5）。

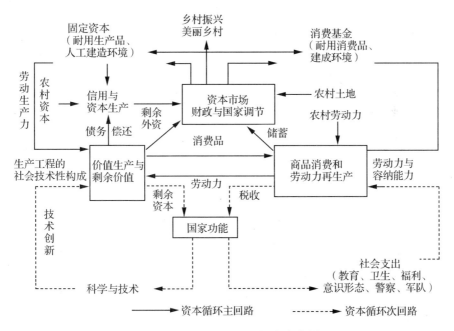

图6-5　城乡一体化背下苏锡常资本循环

6.6　城市创新空间生产与城乡社会空间重构

传统的土地资本化和新城发展模式受到非常大的挑战，单纯依靠土地资本化的发展模式已经不能适应新时期的发展要求，苏锡常经济发展模式和资本循环开始转型。资本的第三循环涉及城市化以及城乡转型的各个方面,主要包括三个方面的投资:一是通过教育和卫生投资,加强劳动者的工作能力;二是加强文化软实力投资;三是加强警察、军队投资,维护国家安全(图6-6)。

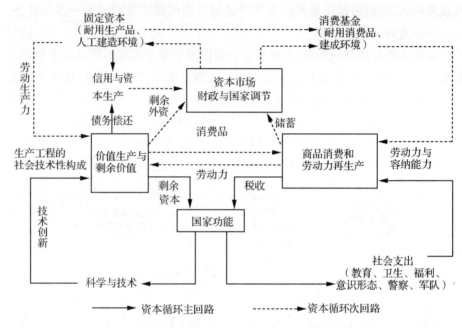

图 6-6　创新空间的第三次资本循环

6.6.1　苏州城市创新空间的资本循环

(1)投资高等教育,吸引高层次人才

以苏州独墅湖高教创新区为例。该区通过国有资本介入,提供高校与科研院所空间,吸引大批国内外高校入驻,为城市创新提供源源不断的智力和知识支持,同时培养大批创新型人才。独墅湖高教创新区是国内首个"高等教育国际示范区",通过资本投入吸引了牛津大学高等研究院、新加坡国立大学苏州研究院、代顿大学中国研究院、乔治华盛顿大学中国研究院、苏州工业园区洛加大先进技术研究院、南澳大学苏州研究院、SKEM 商学院中国校区、德国卡尔斯鲁厄理工学院中国研究院等世界名校入驻。其中牛津大学高等研究院(苏州)是牛津大学建校 800 多年来在海外建立的首个研究院。同时入驻的还有中国科学技术大学苏州研究院、中国人民大学苏州校区、南京大学苏州研究院、四川大学苏州研究院、西安交通大学苏州研究院、西交利物浦大学、苏州大学独墅湖校区等。截至 2016 年年底,独墅湖高教创新区拥有"千人计划"人才 115 名,海外归国人员超过 1 700 名,成为全国"千人计划"人才集聚程度最高的科教园区。

国有资本投资独墅湖高教创新区,为高校和科研院所提供创新空间生产场所,同时加大人才引进力度,引进国内外名校和科研院所人才入驻。资本通过高校和科研院所对教育、人才等方面的投入进入第三次循环。

苏州采用各种人才政策,吸引各类人才加入。2013—2018 年苏州吸引"千人计划"创业类人才累计达 724 人,连续 6 年位居全国第一,苏州已经成为海外高层次人才自主创业的首选之地。截至 2018 年年底,苏州共吸引各类人才274.2 万人,其中高层次人才 24.54 万人(表 6-11)。

表 6-11　苏州人才总数表(2008—2017)

年份	新增千人计划/人	千人计划(总数)/人	千人计划(创业人才总数)/人	创业类千人计划全国排名	省"双创"人才/人	双创人才在江苏省内排名	人才总数/万人	高层次人才总数/万人
2008	1	1	1		27	第一	79.6	4.3
2009	11	12	2		35	第一	90.0	5.0
2010	18	30	2		45	第一	104.9	6.0
2011	20	50	17		67	第一	160.0	9.0
2012	55	105	65	第一	96	第一	178.37	11.4
2013	19	124	79	第一	82	第一	195.0	13.0
2014	32	157	95	第一	98	第一	210.0	15.5
2015	30	187	107	第一	64	第一	227.0	17.8
2016	32	219	120	第一	104	第一	244.21	20.5
2017	18	237	127	第一	99	第一	259.2	22.3
2018	13	250	131	第一	91	第一	274.2	24.54

资料来源:苏州统计年鉴(2008—2018)及 2018 苏州市国民经济和社会发展统计公报。

(2)加大基础教育投资,提高基础教育水平

苏州不仅仅在高等教育和引进人才方面加大投资,在中小学教育方面也加大了资本的投入。苏州工业园区在"十三五"期间改扩建学校 52 所,增加 5.8 万个学位,其中 2016 年、2017 年、2018 年分别新建改扩建学校 11 所、10 所、11 所,分别增加学生学位数 1.42 万、1.52 万和 1.61 万,满足了绝大部分居民的子女入学要求。2017 年,苏州工业园区教育投资 28.13 亿元,公共财政教育经费

占公共财政支出的 13.46%。① 2018 年苏州工业园区新建改扩建学校 5 所,其中,幼儿园 3 所(唯康幼儿园、中心生态科技城青澄幼儿园和夷浜路幼儿园),九年一贯学校 1 所(悦澜湾学校)和九年一贯学校分校 1 所(东沙湖学校西校区)。② 2019 年,园区将立足教育均衡,进一步优化教育资源配置,着眼于广大人民群众子女的入学需求,继续实施学校建设工程。计划投入 8 亿元资金用于教育基本建设,完善工程进度、建设质量和资金管理,确保当年竣工交付使用项目 12 个(其中 4 个为独立校园项目),计划新增学位 1.15 万个,其中学前教育段 1 200 个、义务教育段 9 200 个、高中段 1 100 个。③

优质的中小学教育不但吸引资本的投入,同时也是吸引人才、留住人才的重要手段之一。

(3)加大文化旅游产业投资,提高软文化实力

资本的第二次循环主要是建成环境和房地产的投资,当房地产经济出现过热迹象时,政府通过限制地价、限购、提高贷款利率等控制供给和需求两方面的手段来限制房地产投资,资本开始寻求转向。资本进入文化和旅游方面的投资是资本第二次循环的一种转向。与国有资本投入教育的社会收益不同,私人资本投入文化旅游方面的主要还是通过文化旅游项目,降低投资风险,获取超额利润。一直以投资商业地产为主的万达集团开始以文旅城投资作为新的投资重点,其中包括无锡万达文化旅游城在内的 13 座万达文旅项目已经开始投资或者运营。万达集团是中国文化旅游产业投入最大的商业房地产开发商,其转型印证了资本第二次循环转向资本第三次循环的市场过程。由于资本投入巨大,资金链出现问题,13 座万达文旅城已于 2018 年全部转让给融创集团。2019年 6 月无锡融创乐园与广州融创乐园开始试营业,资本的第三次循环开始运行。2019 年挺过难关的万达集团继续在兰州等城市规划投资百亿以上于文旅项目,重新杀回文旅产业,进入资本第三次循环。

---

① 新增 11 所学校！园区教育迎来大爆发,今年还将增加 1.61 万个学位[EB/OL]. http://www.sohu.com/a/233871077_662910.

② 苏州 2018 年有这么多新建学校！[EB/OL]. http://www.sohu.com/a/224932972_467377.

③ 2019,这些新校(区)将迎首批学子[EB/OL]. http://sipedu.sipac.gov.cn/website/Item/106513.aspx.

表 6-12 苏锡常文旅项目主要代表

城市	苏州	无锡	常州
名称	华谊兄弟电影世界	无锡融创文旅城	常州恐龙城
地点	苏州工业园区	无锡滨湖新区	常州新北区
投资方	华谊兄弟股份有限公司	融创中国股份有限公司	龙城旅游控股集团
开业时间	2018 年 7 月 23 日	2019 年 6 月 29 日	2000 年 7 月
总投资	35 亿	400 亿	120 亿
简介	① 34 个游乐项目,11 个精彩纷呈的演艺秀。② 五个主题电影区域:星光大道区、非诚勿扰区、集结号区、通天帝国区、太极区。③ 阳澄宝贝地盘。	无锡融创文旅城占地面积 240 万平方米,包含乐园、融创茂、酒店群三大板块,乐园板块拥有融创乐园、融创水世界、融创海世界、融创雪世界、太湖秀剧场五大业态。	环球恐龙城,占地面积 320 万平方米。包括:中华恐龙园、迪诺水镇、恐龙谷温泉、恐龙城大剧场、香树湾花园酒店、恐龙主题度假酒店、三河三园亲水之旅等旅游项目,是一座集主题公园、游憩型商业、文化演艺、温泉休闲、动漫创意于一体的一站式恐龙主题综合度假区。
主要产品特点	① 原汁原味的呈现出全方位的电影沉浸感享受。② 360°浸入式实景娱乐体验。	① 江南运河特色商业街。② 大型演艺和花车巡游。③《太湖龙影》创意水秀。④ 国内首个沉浸式太湖主题水世界。⑤ 真冰真雪打造的江南首个室内滑雪场。⑥ 太湖秀剧场入选《泰晤士报》评出的"2019 年全球十大建筑"。	① 梦幻庄园区——中国亲子游的首选。② 恐龙王国区——收藏展示中华系列恐龙化石最全的恐龙博物馆。③ 库克苏克大峡谷区——"勇敢者的游戏"。④ 嘻哈恐龙城区——华东最时尚的亲子游乐城。⑤ 鲁布拉区——巅峰水世界呈现最劲爽的水上项目。⑥ 冒险港区——恐龙园商业核心。

资料来源:作者根据相关资料整理。

2018 年 7 月 23 日,华谊兄弟电影世界在苏州阳澄湖畔正式对外开放,标志华谊兄弟第一个电影主题公园正式开园,游客享受 360°原汁原味沉浸式电影体验,包括"星光大道区""非诚勿扰区""集结号区""通天帝国区""太极区",同时定期有明星大咖助阵,吸引影迷打卡。华谊兄弟作为民营资本开始进入苏州城市的第三次资本循环。

中华恐龙园景区于 2000 年 7 月开园,成为长三角学生儿时的重要记忆,现在已经形成恐龙城集团。恐龙城包括中华恐龙园、迪诺水镇、恐龙谷温泉、恐龙城大剧场、香树湾花园酒店、恐龙主题度假酒店、三河三园亲水之旅等旅游项目,是一座集主题公园、游憩型商业、文化演艺、温泉休闲、动漫创意于一体的一站式恐龙主题综合度假区。恐龙园集团作为常州的文旅集团于 2019 年 5 月 18 日获得"全国文化企业 30 强"提名,成为江苏省内唯一上榜的文化旅游类企业。恐龙园文化旅游集团有限公司经过十多年的探索和发展,已由单一旅游度假景区成功向文化旅游产业投资运营和整体解决方案的综合性文化旅游企业转型,开创了中国模块娱乐产业,秉承"专注成就专业、创新引领未来"的发展理念,致力于"文化、科技、创意"的相互融合,先后获得"国家文化产业示范基地""全国科普教育基地""港澳研学游教育基地"等殊荣,为游客打造集主题住宿、主体科普、主体游乐于一体的综合性科普露营基地(表 6-12)。

6.6.2 苏州城市创新空间生产

(1) 城市创新空间生产环境

① 生活环境。经济学人智库(Economist Intelligence Unit,简称 EIU)从城市文化、城市稳定性、教育医疗、城市基础设施等方面评价全球 140 个代表城市的整体宜居程度,苏州市连续 3 年(2016、2017、2018)排在中国大陆城市第一位。良好的自然环境、完善的基础设施、发达的经济条件以及历史悠久的太湖文化无一不吸引全球创新的企业和人才的集聚。① 无锡和常州市无论生活环境还是文化方面都与苏州有很大的相似性,同样以良好的创新生活环境吸引人才与各类企业集聚。

② 投融资环境。苏州城市投融资平台以苏南国家自主示范区科技投融资服务平台最为典型,它以江苏省科技金融信息服务平台网上信息系统为基础,面向示范区科技型中小企业,以及银行、创投、保险等各类金融机构,打造集银行信贷、创业投资、上市培育、科技保险以及其他金融中介服务在内的"互联网+"投融资服务网站,平台建成覆盖市、县(市、区)、省级以上高新区和各类科技园区在内,互联互通、线上线下、统筹集成的投融资服务网络体系。

为了更好地服务企业,建设更好的投融资环境,苏州工业园区东沙湖基金小镇建立成为国内首个并购基金小镇。截至 2019 年 4 月底,苏州工业园区东

---

① 曹灿明,段进军.改革开放以来苏州市人口空间分布演化研究——基于 1982—2010 年四次人口普查资料的分析[J].西北人口,2018(6):32-39.

沙湖基金小镇入住股权投资管理团队 158 家,设立基金 257 只,入住债权融资机构 7 家,募集资本 1 700 亿元,小镇入驻机构覆盖了企业发展的全生命周期,尤其注重中早期高科技企业的投资,所投集成电路、生物医药、人工智能领域的企业占比高达 60%,不断发掘、投资并培育了一批细分领域的优秀创新企业,包括晶方科技、中际旭创、敏芯微电子、东微半导体等。投资的企业有 77 家成功上市。[①]

基金小镇构建"一高地,三平台"模式(图 6-7),其中,一高地是指中国基金新高地;三平台是指资本科技对接平台、基金产业集聚平台和创新创业服务平台。

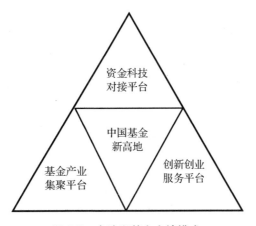

图 6-7 东沙湖基金小镇模式

整个基金体系呈现"圈层"结构,其中:

基金核心层:天使基金、风险基金、股权投资基金、并购基金、定增基金、母基金、证券投资基金、不良资产基金。

基金衍生层:债权交易、投资咨询、会计师/律师服务、股权交易。

基金配套层:教育培训、文化展示、生活配套、休闲旅游等。

基金小镇通过"一高地,三平台"模式为苏州不同阶段的企业创新提供不同的投融资服务。

(2)城市创新空间生产主体

① 政府。政府是城市空间创新的主体,是推动城市创新的重要外力。空间生产是"权力+资本"双重作用下的空间安排。政府通过城市规划工具、国民经济发展规划和产业规划(城市科技创新规划)等手段进行空间控制,引导城市创

---

① 东沙湖基金小镇[EB/OL]. http://www.sandlakefundtown.com/news/media/2019 – 04 – 15/104. html.

新空间生产。苏州早在 2006 年就提出创新型城市的建设目标,2011 年《苏州创新型城市建设规划(2010—2020)》编制完成,《苏州国民经济和社会发展"十二五"规划》将"创新引领战略"作为六大发展战略(创新引领、开放提升、城乡一体、人才强市、民生优先、可持续发展)之首,《苏州国民经济和社会发展"十三五规划"》再次将"创新驱动战略"作为六大发展战略之首,使创新成为引领发展的第一动力。

③ 企业。企业是创新的核心,企业根据市场对产品的社会需求,不断创新,制造适应市场需求的产品,获取超额利润。市场通过"需求—创新—利润增加—模仿增加—利润降低—新需求—再创新"的循环过程,促使企业不断创新以适应市场需求的不断变化。

④ 高校科研机构。创新的核心是技术、知识和人才,高校科研机构为城市创新提供雄厚的科技力量和智力支持。同时高校科研机构与企业合作,促使科研成果产业化,从而使知识创新产生市场价值。高校科研机构是创新的主要源泉。

⑤ 中介机构。中介机构包括各种创业中心、律师事务所、会计师事务所等,为企业与政府、企业与企业、企业与金融机构等相互之间搭起桥梁,提供创新咨询服务,一方面可以减少企业与政府以及金融机构之间协调关系的社会成本,另一方面可以成为他们之间的"润滑剂"和"黏合剂",起到创新协调作用。

⑥ 金融机构。企业创新尤其是中小企业创新离不开资金的支持。金融机构在企业创新的不同阶段提供天使投资基金、种子基金、风险投资基金、股权投资基金、债权投资基金等全方位支持。良好的金融市场、健全的金融产品、完善的金融制度以及数量众多的金融机构为城市创新提供全方位的金融服务。

(3)城市创新空间生产行为

政府通过规划工具介入创新空间生产(表 6-13),制定各类创新创业政策,鼓励企业原始创新和模仿创新;确定创新发展战略,引领社会创新发展;营造创新生活环境和创新氛围;完善创新机制;加强不同区域的协同创新。

表6-13 城市创新主体与空间生产行为

创新空间生产主体	地方政府	创新企业	高校与科研院所	中介机构	金融机构
创新空间生产关系	创新驱动	创新核心	创新来源	创新协调	金融支持
关系图					
创新空间生产行为	利用规划工具,确立创新驱动战略地位;营造创新基础设施、自然和人文环境;完善创新体制机制	创新型企业是城市创新空间引导者,通过原始创新、协同创新、合作模仿吸收等方式进行创新	培养创新人才;与企业合作,促进产学研合作,促进成果转化以及知识溢出	协调企业与政府以及金融机构之间的关系,为创新型企业提供会计、律师、风险投资、银行等方面的专业化服务	为创新型企业提供天使基金、风险基金、股权投资基金、贷款、债权等方面的金融支持
创新空间实体	"一站式"服务中心	区位接近,集聚效应	高教区、科技园	集聚环境优美地区、科技园区	金融CBD、基金小镇
例证	苏州工业园区一站式服务中心	苏州工业园区纳米新材料产业集群	苏州独墅湖高教创新区	律师事务所、会计师事务所	苏州工业园区东沙湖基金小镇

资料来源:作者根据相关资料整理。

  创新型大企业是创新空间的引领者,是原始创新的主体。中小企业加强与大企业合作协同创新,为整个创新空间提供源源不断的创新活力。高校和科研院所是创新的知识来源,同时也是创新人才集聚的空间。鼓励高校科研院所研究人员的知识创新,加强他们同相应企业合作,促进科技成果产业化,实现"产学研"协同发展。

中介组织为创新企业提供各类创新中介服务,包括律师、会计服务,同时建立起企业与政府、企业与金融机构之间的纽带,为创新节约交易成本。

金融机构为不同阶段的创新型企业提供各种不同类型的投融资服务,减少企业因为资金不足带来的创新中止,比如苏州工业园区整合政府及企业金融服务资源,推出扎根贷、科技贷、苏科贷、园科贷等金融创新产品,打造金融超市平台、科技服务平台、股权路演平台,为不同类型的中小企业提供一站式金融服务。

6.6.3 苏州城市创新空间生产实践

(1)苏州工业园区纳米新材料产业集群

苏州工业园区纳米新材料产业集群作为科技部创新型产业集群试点(培育)单位,是国内第一个把纳米产业作为引领区域经济转型升级发展的开发区,已经成为全球纳米领域最具代表性的八大产业区域之一,苏州工业园区利用以纳米新材料产业集群为主要突破点,打造具有创新示范和带动作用的区域性创新平台,建成苏南国家自主创新示范区的核心区和先导区。

(2)构建创新生态系统

从宏观角度看,苏州工业园区在原有的"2011 年苏州纳米科技协同创新中心"的基础上,先后提出建设"江苏省纳米技术产业创新中心""江苏省微纳制造业创新中心"的构建设想。"江苏省纳米技术产业创新中心"定位于全省纳米技术应用产业的大脑与中枢;而"江苏省微纳制造业创新中心"定位于全省微纳制造业创新资源整合者,成为驱动微纳制造业产业创新的大脑和中枢。苏州工业园区建成一个包括产业创新实施主体产业、创新组织主体、行业协会与创新联盟、服务与投资主体、科技创新责任主体、国际合作中心等要素协同创新的纳米产业创新系统(图6-8)。

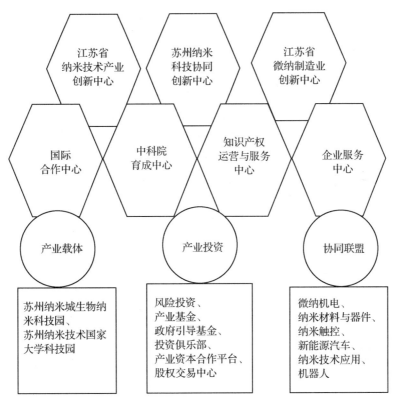

图 6-8 苏州工业园区纳米产业区域创新生态系统

从中观角度看，苏州工业园区纳米产业创新生态系统以政府主导、产业互动、市场运作、国资推动的机制，广泛带动纳米技术企业、传统企业、科研机构、高等院校、风险投资、国有企业、服务中介等主体，围绕纳米技术产业发展形成合作体系（表 6-14）。

表 6-14 苏州工业园区纳米产业创新生态系统

核心圈层	内圈	中圈	外圈
纳米技术应用 产业生态圈	产品	传统产业	产业集聚 上下游合作对接 纳米技术应用推广
		纳米技术产业	海龟创业 高校院所衍生公司 高成长企业 上市公司

续表

核心圈层	内圈	中圈	外圈
纳米技术应用产业生态圈	技术	国际合作	中芬纳米创新中心 荷兰高科技技术中国中心 捷克技术中国中心 伊朗纳米技术中国中心 加拿大纳米创新中心
	人才	研发机构	产业技术创新 公共技术研发 技术服务平台成果转化
		高校	产学研合作 大学科技园 创客空间 技术转移
	资金	金融投资	风险资本 产业资本 科技金融
	平台	服务	工程技术平台 纳米生物安全评价 纳米技术标准化 专利导航与运营
		国资	育成中心 孵化器 加速器 产业化基地
	载体	政府	纳米技术产业专项扶持政策 纳米产业联合研发基金 纳米领军人才创业工程

资料来源:苏州纳米城 http://www.nanopolis.cn/。

微观层面解决企业创新技术商业化问题。苏州纳米产业集群持续完善纳米技术应用产业生态圈,在投资链、创新链、服务链、产业链、人才链等领域集聚核心资源要素,建立包含创新团队、创业企业、国内外科研院校、跨国企业和行业组织的纳米技术创新资源网络,从而进一步推动纳米技术相关企业产业化。

(3)构建纳米产业创新平台

2017年3月25日,世界首个纳米领域科学装置——纳米真空互联综合实验站在苏州工业园区中科院纳米所开始建设。纳米真空互联实验站(Nano-X)是世界首个按国家重大科技基础设施标准建立的集材料生长、器件加工、测试分析于一体的纳米领域大科学装置。纳米真空互联实验站由若干具有综合功能的纳米材料生长平台、器件制备平台、测试分析平台组成，总投资约 15 亿元。[①] 纳米真空互联实验站的建立使苏州拥有了全世界领先的实验平台，凭借真空互联的变革技术，可以为全球纳米产业以及纳电子等领域提供技术支持。同时作为开放性实验平台，将会对全球纳米领域的科学家开放。

（4）吸引国际国内优秀人才加入苏州工业园区纳米产业集群

截至 2016 年年底，苏州纳米产业集群累计引进 320 多个创新项目，集聚国家"千人计划"人才 20 名、省"双创"人才 25 名、姑苏领军人才 24 名、园区领军人才 81 名，并将其打造成为国家级科技企业孵化器。

为推进人才强区战略和区域转型升级，吸引高层次人才和紧缺人才，苏州工业园区推出《园区工委关于苏州工业园区推进科技领军人才创新就业工程等实施意见》《关于深入推进苏州工业园区"金鸡湖双百人才计划"的建议》《关于苏州工业园区吸引高层次和紧缺人才的优惠政策意见》等人才政策，通过购房补贴、优惠租房、薪酬补贴、培训补贴、博士后补贴、高端人才招聘补贴、大学生实习补贴、高层次人才医疗保健、奖学金、专项补助、落户子女入学、出入境便利、人民币兑换、后勤服务、资金管理十六个方面对高层次人才和紧缺人才提供便利与协助。

鼓励创业创新双创人才的引进与培养。对于创业领军人物在创业启动资金（100 万）、创业股权投资（不超过 650 万）、社会投资、项目融资、科贷平台支持、项目贷款贴息等方面给予支持。

（5）建立多层次投融资体系支持纳米产业发展

苏州纳米科技发展有限公司通过独资、参股的形式成立各种产业基金支持纳米产业的发展，包括种子期的启纳创业投资基金、成长期的协力基金、创业成熟期的同合产业基金等。其中启纳创业投资基金规模 5 000 万元，主要针对纳米创新企业种子期和起步期进行投资；协力基金规模 2 亿元，主要对早期和成长期的纳米企业进行投资；同合产业基金规模最大，达到 2.8 亿元，主要投资成熟期的纳米创新企业，三个基金共同组成创投基金的金字塔。

苏州纳米科技发展有限公司与 100 余家资金总规模超 200 亿元的风投资本建立合作关系，启纳创投累计投资 13 个项目，引导 1.2 亿元资金投向纳米技术创新，苏州协力基金累计投资 6 个项目，同合产业基金投资领域涉及新能源、纳米新材料、纳米生物技术和微纳制造四大领域和 20 几个分支领域。苏州纳

---

① 纳米真空互联综合实验站［EB/OL］．http://nanox.sinano.ac.cn/web/27824/5.

米科技发展有限公司积累高端创新项目源超 6 000 个,锻造了纳米技术产业知识、产业投资专业技能和企业融资服务能力相融合的投资团队,组建了包括知识产权专家、市场调查机构、纳米技术科研专家、风险资本投资人、行业协会等资源的专门项目评估智库,突破了纳米产业风险投资的难点。

同合产业基金合作资源包括国际资本、民营资本、国有资本、金融资本、产业资本和引导资本六大资本。苏州工业园区联合苏州市侨联、苏大维格、南大光电、东吴证券、沙特基础工业公司等 20 余家机构共同发起纳米产业技术合作平台,将为纳米技术产业和产业资本的对接,提供金融信息服务和各类资金支持,促进苏州工业园区以及苏州市纳米产业的创新发展。

6.6.4　苏州城市创新空间生产与城乡社会空间重构

（1）资本介入第三次循环导致城乡社会的不平等

苏州市通过资本第三次循环,加大对教育和文化产业投资,同时通过高教区的投资、创新人才的吸引,结合创新型企业、地方政府、中介组织、高校和科研院所以及金融机构,构建创新生态系统,完成创新空间生产。

由于大量资本依然在资本的第二次循环以及第三次循环,为社会低收入人群的投资,包括住房、教育、医疗资源依然较少,不能满足大部分低收入人群的需要。苏州市医疗、教育和社保依然存在城市户籍人口与流动人口的差异,对这部分人口所需的教育、医疗等方面的投资依然不足,客观上加剧了社会的不平等。

（2）低收入人群被排除在创新空间生产之外

创新空间的生产要求生产主体的学历和社会地位较高,从主观上排除了低学历人员和城市低收入劳动者参与创新空间生产。创新空间的生产不能脱离经济空间生产规律,如若不考虑低收入人群参与创新空间生产,那么创新空间生产的主体,包括政府、企业、高校和科研院所、中介及金融机构的基本生活服务都会受到很大的限制。很难想象,完全脱离低收入服务人员的创新空间生产能够存在下去。

（3）低收入人群在城市创新空间占有和控制中处于劣势

低收入人群和劳动者虽然参与城市空间生产包括城市创新空间生产,但是他们在空间占有中处于劣势,是创新空间生产的受害者。创新空间生产依然是社会关系的生产,低收入人群（快递、外卖、家政等）虽然也参与创新空间生产,但是无法占有和控制创新空间,只是创新空间的过客,是创新空间的失意者和落寞者。

（4）低收入人群居住空间与创新空间距离愈来愈远

低收入人群的居住环境远离城市创新空间，一方面低收入人群通过工作维持与创新空间生产的联系，另一方面这种联系无论是空间上的还是物理上的，抑或是社会上的都越来越少，导致他们慢慢游离于城市创新空间生产之外。

6.7 本章小结

苏州作为苏锡常最具代表性的城市，在破解城乡二元社会空间结构方面较早地进行了理论与实践探索，努力建立城乡一体化的体制机制，促进城乡社会空间重构。

苏州农村土地制度改革经历乡镇企业时期的乡镇空间生产，农民进入工业生产，分享一部分土地红利；快速城镇化时期，农民虽然通过拆迁获得住房以及社会保障，但是由于缺乏一技之长，很多农民变成城市新失业群体，成为城市的边缘人群；城乡一体化时期通过"三大集中""三大合作""三大置换"，农民通过土地置换，在保障基本土地所有制基础上实现土地经营权、承包权以及宅基地改革，农民获得相应的股份分红，在获得城市空间（住房）的基础上，享受承包土地的不断分红，保证其参与城市空间生产的权利。

苏州户籍制度改革通过暂住户口、蓝印户口、居民户口以及积分制的实施，基本实现苏州城乡一体化，流动人口实施积分入户、入医和入学，但总体来说，入户难度较高，对农民工缺乏吸引力。

苏州城乡一体化空间生产体现了农民的参与权利，但是苏州创新空间生产对于城市边缘人群是一种新型排挤，创新转型是城市发展的必经路径，但是如何保证低收入人群以及边缘人群介入创新空间生产，这是苏州城市转型面临的崭新课题。

7 苏锡常城市二元社会空间重构：流动人口市民化视角

7.1 流动人口①市民化是城市二元社会空间重构的核心

城市二元结构是传统城乡二元结构在城市的外在体现，没有获得户籍的流动人口（主要是农民工）与城市居民之间存在社会保障、经济收入、公共服务体系以及政治权益等方面的差异。城镇化的本质是人口的空间流动和社会流动，并且通过这两个流动去完成人口由农村进入城市的城镇化和由边缘者进入中产阶级的社会流动。人口的空间流动和社会流动相辅相成，空间流动是社会流动的基础，劳动人口从农村到城市的转移就是人口的空间流动，这一阶段已经接近尾声；社会流动是人口流动的最终阶段。流动人口虽然转移到城市，成为农民工，但如果不能享受与城市居民相同的住房、教育、医疗和社会保障，就成为城市的边缘群体，形成城市新的二元结构。

习近平总书记关于《中共中央关于制定国民经济和社会发展第十三个五年规划的建议》的说明中重点强调：提高户籍人口城镇化率，加快落实中央确定的使1亿左右农民工和其他常住人口在城镇定居落户的目标。截至2016年年底，苏州市总人口1 375万，其中户籍人口6 781 957人，流动人口6 976 442人，苏州市流动人口占比50.73%，超过户籍人口。② 无锡流动人口占25.53%，常州流动人口占20.36%，苏锡常流动人口总数为960.2万人，苏州流动人口占苏锡常流动人口总数的72.65%。苏州不但是江苏省人口最多的城市，也是全国流动人口占比较多的城市之一。流动人口市民化是化解苏锡常城市二元结构

---

① 本书流动人口口径采用的是国际口径，指离开户籍所在地的县、市或者市辖区，以工作、生活为目的异地居住的成年育龄人员。

② ［EB/OL］．http://js.qq.com/a/20170111/006948.htm.

的核心。

　　由于各地城市情况不同，不同级别城市实行不同的户口准入制度，国家户籍政策对中小城市和城镇户籍逐步放开，大城市和特大城市户籍准入严加限制，许多大城市开始实行积分入户政策。2010年6月7日，广东省人民政府发布《关于开展农民工积分制入户城镇工作的指导意见（试行）》，标志广东省开始进入农民工积分入户时期。随后贵阳、郑州、宁波、北京、上海、苏州等地相继公布了流动人口积分入户管理办法。其中以特大城市北京、上海、广州、深圳、天津为例，分别在2016年公布了流动人口入户条件（表7-1）。刘小年（2011）分析广东省积分入户政策和户籍制度改革关系指出：针对农民工的户籍制度改革是必要的，但不是充分和重要的，更不是激进的，要关注第一代农民工的现代化问题和农村新生劳动力培养问题。[1] 黄玮（2016）则认为农民工积分入户条件苛刻，是一个美丽的童话，给广东省农民工积分入户制度泼了冷水。[2] 张劲松、陈梦（2016）从积分制制度分析流动人口市民化价值和风险。[3] 张小劲、陈波（2017）以11个城市为例，通过定量分析，从城市筛选性偏好和导向性偏好着手，将它们分为四种类型：特惠型城市（北京、上海、天津）、普惠型城市（珠海、东莞）、阻滞型城市（广州、深圳、宁波）和吸纳型城市（中山、佛山、青岛）。[4]

表7-1　北京、上海、广州、深圳、天津积分入户条件

	北京	上海	广州	深圳	天津
社保	按规定缴纳社保满7年	按规定缴纳社保满7年	按规定缴纳社保满7年	按规定缴纳社保满7年	按规定缴纳社保满7年
住房	无要求	无要求	有合法住所	无要求	具有合法稳定的落户地点
年龄	不超过法定退休年龄；年龄不超过45周岁，加20分	56～60周岁，积5分；每减少1岁加2分，最高加30分	不超过45周岁	18～48周岁	不超过法定退休年龄

①　刘小年.农民工市民化与户籍改革：对广东积分入户政策的分析[J].农业经济问题,2011(3):46-53.

②　黄玮.农民工积分入户 一个美丽的童话[J].社会调查,2016(7):33-34.

③　张劲松.积分制:流动人口市民化价值、风险与完善路径[J].中共福建省委党校学报,2016(9):83-90.

④　张小劲,陈波.中国城市积分入户制比较研究:模块构成、偏好类型与城市改革特征[J].华中师范大学学报(人文社会科学版),2017(6):1-10.

续表

	北京	上海	广州	深圳	天津
最低学历	无要求	无要求	初中以上学历	无要求	无要求
居住证	持有《北京市居住证》	持有《上海市居住证》满7年	持有《广东省居住证》满3年	持有《深圳市居住证》	持有《天津市居住证》
申请分值线	根据年度人口调控情况,每年向社会公布积分落户分值	实行年度总量控制,排队轮候办理,超过人数的,下一年办理	60分	100分	居住证积分达到申报指导分值(2016年为140分)

资料来源:作者根据相关资料整理。

上述文献从实证和理论角度研究了农民工的市民化影响因素、进程等问题以及城市积分入户政策的影响。无锡在2015年8月31日出台《关于进一步推进户籍制度改革的意见》,明确将逐步建立居住证持有人积分落户政策,成为江苏省第一个出台纲领性户籍制度改革意见的地级市,苏州也于2016年开始实行积分入户制度。

基于以上文献理论,本章建立苏锡常流动人口市民化回归模型,定量分析苏锡常流动人口市民化意愿和市民化能力,探讨市民化阻碍因素,从而解析苏锡常城市二元结构,重构苏锡常城乡社会空间。

7.2 流动人口市民化多元 Logistic 回归模型构建

7.2.1 Logistic 回归模型理论

回归分析是通过一组预测变量(自变量)来预测一个或多个响应变量(因变量)的统计方法。当影响因变量的因素不是一个而是多个变量时,就变成多元回归问题。多元回归分析通过建立经济变量与解释变量的数学模型,对数学模型进行 R 检验、F 检验和 T 检验,在此基础上将经过计算的系数代入模型,通过计算机软件计算经济变量与解释变量之间的关系以及预测经济变量的未来值。一般的线性回归模型要求因变量和自变量都是定量变量,对于社会统计中的定性变量,线性回归模型往往束手无策。

1838 年,比利时学者 P. F. Verhulst 首次提出 Logistic 函数(即增长函数)。此后,该函数开始应用于人口估计和预测中,并逐渐得到推广。Logistic 回归模型可以根据单个或多个连续或者离散自变量来分析和预测二元或多元因变量。

分类变量分析通常采用对数线性模型,而因变量为二分量时,对数线性模型就变成 Logistic 回归模型,因此 Logistic 回归模型是一个概率模型。

Logistic 回归模型可以寻找风险因素,即分析某个事件发生的概率,预测概率大小。与线性回归直接针对因变量的分析不同,在对二分类因变量进行统计分析时,实测数据为事件是否发生;而回归模型的因变量是事件发生的概率。预测成功与否,可通过分类表格判断,该表格显示二分类、序次分类、多分类因变量的分类是否正确。本书定量研究苏锡常流动人口市民化愿望(是或否)与市民化能力(是或否)属于典型的二分量,因而通过 Logistic 回归模型可以定量计算出苏锡常流动人口市民化愿望和市民化能力发生的概率,因此本研究适合 Logistic 回归模型。

7.2.2 Logistic 回归模型构建

因变量为 0 或 1(即否或是)的二值品质性变量称为二分类变量。例如市民化愿望(是或否)、市民化能力(是或否)、市民化阻碍(有或无)等因变量都为二分类变量。以下是包括 p 个自变量的 Logistic 回归模型:

$$f(p) = \text{logit}(p) \doteq \beta_0 + \beta_1 x_1 + \cdots + \beta_p x_p \qquad (\text{模型 7-1})$$

$$P = \frac{\exp(\beta_0 + \beta_1 x_1 + \cdots + \beta_p x_p)}{1 + \exp(\beta_0 + \beta_1 x_1 + \cdots + \beta_p x_p)} \qquad (\text{模型 7-2})$$

$$1 - P \frac{1}{1 + \exp(\beta_0 + \beta_1 x_1 + \cdots + \beta_p x_p)} \qquad (\text{模型 7-3})$$

根据国内外各种实践和建模要求,Logistic 回归模型能满足对分类数据的建模需求,因此它是分类因变量的标准建模方法。

Logistic 回归模型对资料的要求包括以下内容:
① 自变量与 Logit(p)之间为线性关系;
② 反应变量为二分类的分类变量或是某事件的发生率;
③ 各观测值间相互独立;
④ 残差合计为 0,且服从二项分布。

7.2.3 流动人口市民化 Logistic 回归模型建立

流动人口市民化愿望指流动人口希望融入城市社会,希望成为城市居民,

享受城市居民各项权利的愿望。流动人口市民化能力是指流动人口成为城市居民的能力,包括:

① 经济能力:能够获得稳定工作,持续获得较高工资,维持城市经济生活;

② 社会能力:参与城市社会交往,能够融入城市社会生活;

③ 文化心理能力:参与各种城市文化活动,接受城市各种文化熏陶,对主流城市社会有归属感和认同感。①

关于流动人口的入户意愿以及能力等方面的研究,学者重点关注在流动人口中占绝大多数的农民工的市民化研究。刘召勇、张广宇(2014),王桂新、胡健(2015),黄祖辉(2014)和张翼(2011)等认为外出打工时间、教育水平、土地和社会保障等因素影响农民工入户城镇意愿;刘爱玉(2012)提出从国家层面制定发展战略和制度安排、改革社会政策体系、提高农民收入等方面促进农民工市民化。关于农民工市民化的实证分析,徐建玲(2018)对武汉,梅建明、袁玉洁(2016)基于全国 31 个省、直辖市和自治区进行调查,认为农民工个体特征、收入水平、社会生活状况以及农村土地处理方式等对农民工市民化有重要的影响;李瑞、刘超(2018)认为随着城市规模扩大,农民工市民化能力先增加,后减小,呈现倒 U 型关系;王静(2017)认为社会保障、住房、工资、交往人群等融入能力弱化了农民工市民化意愿;李练军(2017)认为受教育程度、工作年限、月收入、住房、土地流转和土地征用数量是影响新生代农民工市民化的主要因素。

由于各地城市情况不同,不同级别城市实行不同的户口准入制度,国家户籍政策对中小城市和城镇户籍逐步放开,对大城市和特大城市户籍准入严加限制,许多城市开始实行积分入户政策。刘小年(2011)分析了广东省积分入户政策和户籍制度改革关系;张劲松、陈梦(2016)从积分制的角度分析流动人口市民化价值和风险;王海龙(2015)分析新型城镇化背景下流动人口市民化进程,认为对农村转移人口再教育、引入社会资本和健全融入机制是促进流动人口市民化的重要举措;李育林(2014)从积分制角度,分析广东、上海流动人口市民化过程。

综合以上研究,结合苏锡常流动人口中农民工占比最大的特点,本书认为流动人口市民化受到市民化意愿和市民化能力的双重影响,同时市民化意愿和市民化能力又受到许多因素的制约,本章将市民化意愿和市民化能力作为因变量,一般性自变量包括婚姻状况、性别、受教育程度、收入、从事的行业等因素,制度性变量包括参加的医疗保险和养老保险及工伤保险、住房、劳动合同、家乡

---

① 林竹.农民工市民化能力生成机理分析[J].南京工程学院学报(社会科学版),2016(1):1-7.

土地处理方式、留守人员等因素。因此,影响苏锡常流动人口市民化意愿、市民化能力的 Logistic 回归模型为:

$$LogCW = \text{logit}(p) = \beta_0 + \beta_1 AGE + \beta_2 MAR + \beta_3 SEX + \beta_4 EDU \cdots +$$
$$\beta_{14} REAR \qquad\qquad (模型 7-4)$$

$$LogCA = \text{logit}(p) = \beta_0 + \beta_1 AGE + \beta_2 MAR + \beta_3 SEX + \beta_4 EDU \cdots +$$
$$\beta_{14} REAR \qquad\qquad (模型 7-5)$$

回归模型中变量类型、名称及赋值见表7-2。

表 7-2 变量名称及赋值

变量类型	变量名称	NAME	变量定义
因变量1	市民化意愿	CW	是 = 1,否 = 0
因变量2	市民化能力	CA	是 = 1,否 = 0
一般性自变量	年龄	AGE	18 岁以下 = 1,19 ~ 24 岁 = 2,25 ~ 44 岁 = 3,45 ~ 64岁 = 4,65 岁以上 = 5
	婚姻状况	MAR	已婚 = 1,未婚 = 0
	性别	SEX	男 = 1,女 = 0
	受教育程度	EDU	小学及以下 = 1,初中 = 2,高中 = 3,大专 = 4,本科及以上 = 5
	月收入	INC	2 000 元以内 = 1,2 001 ~ 4 000 元 = 2,4 001 ~ 6 000元 = 3,6 001 ~ 8 000 元 = 4,8 000 元以上 = 5
	从事的行业	IND	制造业 = 1,建筑业 = 2,运输仓储业 = 3,批发零售业 = 4,服务业 = 5,采矿业及其他 = 6
制度性变量	参加的医疗保险	MINS	没有参加医疗保险 = 0,苏锡常职工医疗保险 = 1,苏锡常城镇居民医疗保险 = 2,家乡新农合医疗保险 = 3,家乡城镇医疗保险 = 4
	参加的养老保险	EINS	没有参加 = 0,苏锡常职工养老保险 = 1,苏锡常城镇居民养老保险 = 2,家乡新农合医疗保险 = 3
	参加的工伤保险	IINS	参加 = 1,没有参加 = 0
	外出打工时间	TIME	1 年以内 = 1,1 ~ 5 年 = 2,6 ~ 10 年 = 3,11 ~ 15 年 = 4,15 年以上 = 5
	住房	HOUS	合租 = 1,单位提供公寓 = 2,自己拥有住房 = 3,简易住房 = 4

变量类型	变量名称	NAME	变量定义
制度性变量	是否签订劳动合同	CONS	没有 =1,签订 =1
	家乡土地处理方式	LAND	老人耕种 =1,无偿转包 =2,有偿转包 =3,抛荒 =4
	留守人员	REAR	没有 =0,老人 =1,老人与小孩 =2,老人、小孩与其他 =3

7.3 流动人口市民化 Logistic 回归模型研究结果

7.3.1 数据来源与描述性结果

本研究于 2016 年 12 月与 2017 年 6 月分别在苏州、无锡、常州流动人口密集地区——苏州相城区、苏州吴中区木渎镇、苏州工业园区斜塘镇、无锡汽车站、无锡火车站、常州火车站以及苏州 2 个建筑工地发放调查问卷 500 份,回收调查问卷 462 份,回收率为 92.4%,剔除非流动人口及其他无效问卷 125 份,总共回收有效调查问卷 337 份,其中苏州流动人口问卷 123 份,无锡流动人口问卷 106 份,常州流动人口问卷 108 份,总有效率为 67.4%。由于调查集中于苏锡常主要流动人口集中区,因而问卷有较好的代表性。问卷涉及 23 个题目,其中入户阻碍因素单独设立六个子题目,主要通过调查研究苏锡常流动人口入户意愿以及对苏州、无锡积分入户政策的了解程度。

苏锡常调查数据统计的描述性结果如表 7-3 所示,单因素统计结果如表 7-4 所示,全部调查样本中,有市民化意愿的比例占 54.6%,有市民化能力的占 34.4%,存在市民化阻碍的占 80.4%。流动人口市民化阻碍因素(表 7-5)中占比最大的是房价太高,占调查人口的 77.2%;其次是收入太低(52.5%)、工作不稳定(48.1%)和积分达不到要求(47.8%);家里有老人小孩需要照顾的占41.2%;而家乡土地需要耕种的只占 29.7%,证明流动人口中大部分摆脱了农村土地的束缚,基本不需要进行土地耕种。由于苏州、无锡积分入户政策以及积分入学、入医政策在 2016 年刚刚实施,所以了解的比例较少(表 7-6),对于积分入户政策了解的只占 7.7%,不知道的占 46.6%,45.7% 的人群听说过但不太了解;积分入学和积分入医政策了解比例为 8.6%,不知道的占 56.4%,35%

的人群听说过。总体上对于此政策尚需对流动人口进行大力宣传。

表7-3 苏锡常流动人口基本情况描述性统计结果

特征描述	影响因素	苏州		无锡		常州	
		数量/人	比例/%	数量/人	比例/%	数量/人	比例/%
总体		123	100	106	100	108	100
年龄	18 岁以下	1	0.8	1	0.8	2	1.9
	19~24 岁	54	43.9	35	33.0	28	25.8
	25~44 岁	52	41.5	52	49.1	53	49.1
	45~64 岁	17	13.8	17	16.0	20	18.5
	65 岁以上	0	0	1	0.9	5	4.6
婚姻状况	未婚	67	54.5	42	39.6	37	34.3
	已婚	56	45.5	64	60.4	71	60.4
性别	男	60	48.8	43	40.6	48	44.4
	女	63	51.2	63	59.4	60	55.6
受教育程度	小学以下	9	7.3	20	18.9	30	27.8
	初中	18	14.6	26	24.5	38	35.2
	高中	19	15.4	27	25.5	15	13.9
	大专	24	19.5	15	14.2	13	12.0
	本科及以上	53	43.1	18	17.0	12	11.1
月收入	2 000 元以下	14	11.4	16	15.1	21	19.4
	2 001~4 000 元	64	52.0	57	53.8	48	44.4
	4 001~6 000 元	25	20.3	21	19.8	18	16.7
	6 001~8 000 元	12	9.8	9	8.5	12	11.1
	8 000 元以上	8	6.5	3	2.8	9	8.3
从事的行业	制造业	15	12.2	20	18.9	10	9.3
	建筑业	13	10.6	18	17.0	30	27.8
	运输仓储业	16	13.0	7	6.6	9	8.3
	批发零售业	12	9.8	9	8.5	9	8.3
	服务业	46	37.4	41	38.7	45	41.7
	采矿业及其他	21	17.1	11	10.4	5	4.6

特征描述	影响因素	苏州		无锡		常州	
		数量/人	比例/%	数量/人	比例/%	数量/人	比例/%
参加的医疗保险	没有参加	17	13.8	15	14.2	21	19.4
	苏锡常职工医疗保险	25	20.3	11	10.4	18	16.7
	苏锡常城镇居民医疗保险	43	35.0	42	39.6	17	15.7
	家乡新农合医疗保险	13	10.6	7	6.6	4	3.7
	家乡城镇医疗保险	25	20.3	31	29.2	48	44.4
参加的养老保险	苏锡常职工养老保险	56	45.5	53	50.0	56	51.9
	苏锡常城镇居民养老保险	33	26.8	27	25.5	7	6.5
	家乡新型农合医疗保险	6	4.9	14	14.5	7	6.5
	没有	28	22.8	12	11.8	38	35.2
参加的工伤保险	没有	76	61.8	63	59.4	77	71.3
	有	47	38.2	43	40.6	31	28.7
外出打工时间	1 年以内	27	21.9	16	15.1	9	8.3
	1~5 年	67	54.5	49	46.2	48	44.4
	6~10 年	14	11.4	31	29.2	29	26.9
	11~15 年	6	4.9	3	2.8	11	10.2
	15 年以上	9	7.3	7	6.6	11	10.2
是否签订劳动合同	没有签订	46	37.4	36	34.0	63	58.3
	签订	77	62.6	70	66.0	45	41.7
家乡土地处理方式	老人耕种	48	39.0	44	41.5	38	35.2
	无偿转包	9	7.3	7	6.6	18	16.7
	有偿转包	41	33.3	29	27.4	31	28.7
	抛荒	25	20.3	26	24.5	21	19.4
留守人员	老人	44	35.8	27	25.5	36	33.3
	老人与小孩	57	46.3	37	34.9	41	38.0
	老人、小孩及其他	12	9.8	36	34.0	23	21.3
	没有	10	8.1	6	5.7	8	7.4
住房	合租	42	34.1	42	39.6	43	39.8
	单位提供公寓	34	27.6	32	30.2	19	17.6
	自己拥有住房	31	25.2	18	17.0	14	13.0
	简易住房	16	13.0	14	13.2	32	29.6

表 7-4 影响苏锡常流动人口市民化单因素描述性统计结果

影响因素	特征描述	人数/人	比例/%	市民化意愿比例/%	市民化能力比例/%	市民化阻碍比例/%
总体		337	100	54.6	34.4	80.4
年龄	18 岁以下	4	1.2	50.0	0	75.0
	19～24 岁	117	34.7	62.4	37.6	77.8
	25～44 岁	156	46.3	57.1	38.5	82.1
	45～64 岁	54	16.0	31.5	18.5	85.2
	65 岁以上	6	1.8	50.0	33.3	50.0
婚姻状况	未婚	145	43.0	57.2	37.9	80.7
	已婚	192	57.0	52.6	31.8	80.2
性别	男	186	55.2	51.1	33.3	80.1
	女	151	44.8	58.9	35.8	80.8
受教育程度	小学以下	59	17.5	33.9	8.5	83.1
	初中	82	24.3	48.8	23.2	80.5
	高中	61	18.1	55.7	32.8	82.0
	大专	52	15.4	59.6	57.7	76.9
	本科及以上	83	24.6	54.6	50.6	79.5
月收入	2 000 元以下	50	14.8	40.0	16.0	82.0
	2 001～4 000 元	170	50.4	54.7	24.7	81.2
	4 001～6 000 元	64	19.0	53.1	51.6	76.6
	6 001～8 000 元	33	9.8	66.7	51.5	81.8
	8 000 元以上	20	5.9	75.0	80.0	80.0
从事的行业	制造业	45	13.4	57.8	35.6	77.8
	建筑业	61	18.1	29.5	13.1	77.0
	运输仓储业	32	9.5	65.6	37.5	87.5
	批发零售业	30	8.9	53.3	50.0	90.0
	服务业	132	39.2	64.4	37.9	80.3
	采矿业及其他	37	11	48.6	40.5	75.7
参加的医疗保险	没有参加	54	16.0	63.0	42.6	68.5
	苏锡常职工医疗保险	101	30.0	69.3	42.6	83.2
	苏锡常城镇居民医疗保险	23	6.8	60.9	60.9	69.6
	家乡新农合医疗保险	105	31.2	42.9	24.8	81.9
	家乡城镇医疗保险	54	16.0	38.9	18.5	88.9

影响因素	特征描述	人数/人	比例/%	市民化意愿比例/%	市民化能力比例/%	市民化阻碍比例/%
参加的养老保险	没有参加	165	49.0	58.8	33.3	80.6
	苏锡常职工养老保险	66	19.6	69.7	50.0	77.3
	苏锡常城镇居民养老保险	14	4.2	57.1	57.1	71.4
	家乡新型农合医疗保险	92	27.3	35.9	21.7	83.7
参加的工伤保险	没有	216	64.1	51.4	30.1	79.6
	有	121	35.9	60.3	42.1	81.8
外出打工时间	1 年以内	52	15.4	44.2	32.7	67.3
	1～5 年	164	48.7	61.6	36.6	83.5
	6～10 年	74	22.0	44.6	21.6	87.8
	11～15 年	20	5.9	55.0	45.0	75.0
	15 年以上	27	8.0	59.3	51.9	70.4
是否签订劳动合同	没有签订	146	43.3	47.3	33.6	72.6
	签订	191	56.7	60.2	35.1	86.4
家乡土地处理方式	老人耕种	118	35.0	51.7	35.6	80.5
	无偿转包	34	10.1	55.9	38.2	61.8
	有偿转包	87	25.8	50.6	42.5	85.1
	抛荒	72	21.4	62.5	25.0	81.9
	其他	26	7.7	57.7	23.1	84.6
留守人员	老人	107	31.8	64.5	33.6	81.3
	老人与小孩	136	40.4	55.1	39.7	82.4
	老人、小孩及其他	70	20.8	44.3	25.7	78.6
	没有	24	7.1	37.5	33.3	70.8
住房	合租	129	38.3	55.8	31.8	84.5
	单位提供公寓	83	24.6	54.2	31.3	84.3
	自己拥有住房	63	18.7	63.5	61.9	38.3
	简易住房	62	18.4	43.5	16.1	79.0

表7-5　阻碍苏锡常流动人口市民化因素统计

因素	人数/人	比例/%	均值
积分达不到入户要求	161	47.8	0.477 7
房价太高	260	77.2	0.771 5
收入太低	177	52.5	0.525 2
工作不稳定	162	48.1	0.480 7
家乡有老人和小孩需要照顾	139	41.2	0.412 5
家乡有土地需要耕种	100	29.7	0.296 7

表7-6　对苏州、无锡积分入户、入学和就医的了解程度

	了解程度	人数/人	比例/%
苏州、无锡积分入户政策	不知道	157	46.6
	听说过、不太了解	154	45.7
	了解	26	7.7
苏州、无锡积分入学（就医）政策	不知道	190	56.4
	听说过、不太了解	118	35.0
	了解	29	8.6

7.3.2　苏锡常流动人口市民化 Logistic 回归模型结果分析

利用 STATA 软件计算苏锡常流动人口市民化意愿和市民化能力 Logistic 模型回归初步结果如表7-7。

表7-7　影响苏锡常流动人口市民化 Logistic 模型回归结果

NAME	模型变量	市民化意愿 y1		市民化能力 y2	
		系数	P 值	系数	P 值
AGE	年龄	−0.686	0.002	−0.117	0.654
MAR	婚姻	1.098	0.002	0.442	0.228
SEX	性别	−0.106	0.696	−0.026	0.929
EDU	受教育程度	0.288	0.012	0.659	0.000
IND	从事行业	0.095	0.243	0.172	0.062
INC	月收入	0.214	0.107	0.627	0.000

续表

NAME	模型变量	市民化意愿 y1		市民化能力 y2	
		系数	P 值	系数	P 值
MINS	参加的医疗保险	−0.630 1	0.003	−0.315	0.006
EINS	参加的养老保险	−0.259	0.025	−0.127	0.356
IINS	参加的失业保险	0.296	0.349	0.520	0.124
TIME	外出打工时间	0.340	0.027	0.277	0.090
HOUS	住房	0.016	0.890	−0.004	0.977
CONS	是否签订劳动合同	0.153	0.595	−0.637	0.054
LAND	家乡土地处理方式	0.045	0.652	−0.254	0.026
REAR	留守人员	−0.501	0.001	−0.104	0.546
constant		0.079	0.930	−3.956	0.000

表 7-7 结果显示，模型 1 的 P 值达到 0.930，整个模型显著度不高，应该进行调整。Mickey and Greenland(1989)认为使用传统的 P 值(0.05)会损失重要的自变量，建议使用 P 值为 0.25 的标准，本书采用 P 值为 0.25 的标准，经过调整，将 P 值大于 0.25 的剔除，通过检验得出新的模型(表 7-8)。

表 7-8 苏锡常流动人口市民化意愿 Logistic 模型回归最终结果

市民化意愿	系数	误差	Z 值	P 值
AGE	−0.744	0.216	−3.45	0.001
MAR	0.991	0.341	2.90	0.004
EDU	0.335	0.109	3.06	0.002
INC	0.193	0.130	1.48	0.139
MINS	−0.370	0.091	−4.09	0.000
REAR	−0.526	0.146	−3.60	0.000
TIME	0.385	0.146	1.96	0.050
_cons	0.870	0.749	1.16	0.245

Log likelihood = −199.768 25   LR chi2(8) = 64.79   Porb chi2 = 0.000 0

Pseudo R2 = 0.139 5

通过检验，得出苏锡常流动人口市民化意愿模型：

$LogCW = 0.870 − 0.744AGE + 0.991MAR + 0.335EDU + 0.193INC − 0.370MINS − 0.526REAR + 0.385TIME$

（模型 7-6）

模型 7-6 显示,苏锡常流动人口市民化愿望与流动人口年龄、婚姻状况、受教育程度、收入水平、参加医疗保险、留守人员以及外出打工时间等因素相关。除了收入水平,其他因素都在 5% 水平显著。年龄对市民化意愿呈负面影响,年龄越大,市民化意愿越弱,证明老一代流动人口或者农民工对于市民化意愿相比年轻一代较弱;婚姻状况对市民化意愿呈正向影响,已婚流动人口市民化意愿远大于未婚流动人口,证明已婚人口对于市民化相关福利和社会保障有更清楚的认识与认同;受教育程度越高,市民化意愿较强;同时,收入水平、外出打工时间对市民化意愿也有显著影响;参加医疗保险对于市民化意愿呈负向影响,证明缴纳医疗保险尤其是在家乡缴纳医疗保险不利于流动人口市民化;农村留守人员对市民化有一定的负面影响,农村留守儿童和老人越多,流动人口市民化意愿越弱,留守人员已经成为市民化的主要阻碍之一。

通过计算与检验,得出苏锡常市流动人口市民化能力 Logistic 回归模型:

$$LogCA = -4.196 + 0.638EDU + 0.174IND + 0.624INC - 0.350MINS + 0.427IINS + 0.287TIME - 0.610CONS - 0.245LAND \qquad (模型 7-7)$$

Log likelihood $= -167.3154$, LR chi2(8) $= 99.28$, Porb chi2 $= 0.0000$, Pseudo R2 $= 0.2288$

模型 7-7 显示,苏锡常流动人口市民化能力与流动人口受教育程度、从事行业、收入水平、参加医疗保险和失业保险、外出打工时间、是否签订劳动合同以及乡村土地处理方式等因素密切相关(表7-9),除了参加失业保险、外出打工时间以及是否签订劳动合同外,其他因素都在 5% 水平显著。受教育程度和收入情况对流动人口市民能力影响显著,同时,两者之间存在密切关系,一般收入水平随着受教育程度的提高而提高,收入越高,相应住房、消费等能力越强,市民化能力就更强;外出打工时间、工作行业对市民化能力有一定的正面影响,外出打工时间越长,经验越丰富,收入会越高,市民化能力越强;参加工伤保险对市民化能力有一定的正向影响,根据调查,64.1% 的流动人口没有参加工伤保险,要求城市在流动人口市民化过程中要非常重视参加工伤保险对于市民化的影响;参加医疗保险、签订劳动合同以及家乡土地处理方式对市民化能力呈负面影响,按照通常的理解,参加医疗保险应对市民化能力有正向影响,但本次调查显示,参加医疗保险与市民化能力呈负面影响,根据调查资料可知,苏锡常职工医疗保险、苏锡常城镇居民医疗保险、新农合医疗保险依次赋值为 1、2、3,赋值越大,反映农村医疗保险参与越多,苏锡常职工和苏锡常城镇医疗保险参加越少,所以市民化能力其实是与家乡新农合医疗保险影响显著,符合通常规律。与此同时,家乡土地处理方式对市民化能力有一定负面影响,农民如果市民化意味着放弃土地,这对部分农民而言是无法接受的,所以最新的户籍管理条例中规定农民市民化可以不放弃家乡土地,这不但对农民而言是一大利好消息,同时也更大程度上提高了市民化能力,促进新型城镇化发展。

表7-9 苏锡常流动人口市民化能力 Logistic 模型回归最终结果

市民化能力	系数	误差	Z 值	P 值
EDU	0.638	0.128	4.97	0.000
IND	0.174	0.088	1.97	0.049
INC	0.624	0.145	4.30	0.000
MINS	−0.350	0.104	−3.34	0.001
IINS	0.427	0.326	1.31	0.190
TIME	0.287	0.151	1.91	0.057
CONS	−0.610	0.326	−1.87	0.061
LAND	−0.245	0.108	−2.27	0.023
_cons	−4.196	0.776	−5.41	0.000

本研究同时对阻碍苏锡常流动人口市民化因素进行调查,对入户积分、房价、收入、工作稳定性、农村土地以及留守人员六个方面进行分析,建立流动人口市民化阻碍因素模型:

$$LogCH = \text{logit}(p) = \beta_0 + \beta_1 SCO + \beta_2 HOU + \beta_3 INC + \beta_4 JOB$$
$$+ \beta_5 LAND + \beta_6 REAR$$

(模型7-8)

模型 7-8 显示,阻碍苏锡常流动人口市民化因素有房价、积分、工作稳定性、收入水平、留守人员、家乡土地处理方式等,但积分政策、留守人员、家乡土地处理方式对市民化阻碍不显著(表7-10),房价情况、个人收入水平和工作稳定性是阻碍市民化的主要因素,房价对流动人口市民化影响最大,工作稳定性其次,工资收入水平也具有很大的影响。流动人口相对于户籍人口工作稳定性不强,大部分是农民工,无法承受苏锡常的高房价,如何制定合理的安居房政策,同时保障流动人口的工作稳定性,提高其收入水平,有利于提高流动人口市民化水平。农村影响因素中的留守人员和乡村土地耕种情况以及积分政策对市民化阻碍不大,这与苏锡常流动人口对苏州、无锡积分入户政策不太了解有关,因而出现了调查问卷中积分对流动人口市民化影响较弱的情况。

表 7-10　苏锡常流动人口阻碍因素 Logistic 模型初次回归模型和调整后回归模型

变量	原始模型数据				调整后模型数据			
	系数	误差	Z 值	P 值	系数	误差	Z 值	P 值
Houseprice	0.563	0.334	1.69	0.092	0.480	0.324	1.48	0.139
Income	0.488	0.325	1.50	0.133	0.398	0.308	1.29	0.197
Job	0.583	0.316	1.84	0.065	0.470	0.293	1.60	0.109
Score	−0.233	0.317	−0.74	0.461				
Rear	−0.221	0.293	−0.75	0.451				
Land	−0.192	0.331	−0.58	0.562				
_cons0.563	0.770	0.288	2.67	0.008	0.666	0.275	2.42	0.015

Log likelihood = −160.681 5　　　Log likelihood = −161.510 9

LR chi2(8) = 11.99　　　　　　　LR chi2(8) = 10.33

Porb chi2 = 0.062　　　　　　　Porb chi2 = 0.016

Pseudo R2 = 0.036　　　　　　　Pseudo R2 = 0.031

$$LogCH = 0.666 + 0.480 Houseprice + 0.398 Income + 0.470 Job \qquad （模型 7-9）$$

7.4　流动人口城市空间生产与城市社会空间重构

7.4.1　流动人口入户能力与城市社会空间重构

2017 年我国城镇化率达到 58.52%，但是户籍人口城镇化率仅有 42.35%，两者之差为 16.27%，大约有 2.26 亿人口虽统计进城镇人口口径，但是因为没有户籍，无法完全享受到与户籍人口对等的各项权益。因此，要保障流动人口各项权益，首先必须提高流动人口入户能力。

按照流动人口积分入户办法，流动人口的积分涉及对积分制度的了解程度、学历水平、是否签订劳动合同、社会贡献、是否购房、投资等诸多方面的因素，因而影响流动人口入户能力的因素很多。

首先，流动人口对苏锡常积分入户政策缺乏了解。无锡于 2015 年开始实行流动人口积分管理制度。苏州于 2017 年正式实施流动人口的积分管理制度，张家港、常熟和吴江同时开始实施，昆山、太仓正在加快筹备建设。未来苏州将结合现行的大市范围内的户口通迁制度，制定苏州大市统一的户口准入制度。对于苏州流动人口的积分入户制度，了解的人群尤其是完全了解的人群比例偏少（表7-6），只占7.7%；有点儿了解的占45.7%；不知道的占46.6%。因而对于该制度，首先必须通过移动端、电视、报纸、网络等渠道进行宣传。对于流动人口集中的建筑、服务、制造等行业，必须由专人通过合适的渠道将信息传导到每一位流动人口，对该项政策的宣传争取覆盖到全部流动人口；对于有意愿入户的流动人口更要助其建立档案，从了解积分各小项等方面给予帮助，以提高户口准入率。

其次，苏锡常流动人口入户能力较低。调查显示，苏锡常流动人口平均入户能力为34.4%，苏锡常流动人口市民化能力与流动人口受教育程度、从事行业、收入水平、参加医疗保险和失业保险、外出打工时间、是否签订合同以及家乡土地处理方式等因素密切相关，其中，除了参加失业保险、外出打工时间以及是否签订劳动合同外，其他因素都在5%水平显著。受教育程度和收入情况对流动人口市民能力影响显著，其中大专学历的入户能力为57.7%，本科以上为50.6%，收入水平8 000元每月的入户能力为80%，拥有苏锡常城镇医疗保险的入户意愿60.9%，行业中从事批发零售业最高50%，参加养老保险中有苏锡常城镇养老保险和职工养老保险的各分别占57.1%和50%，外出打工时间在15年以上的入户能力为51.9%，拥有住房的占61.9%。由此可见，目前就调查人群而言，拥有入户能力的主要是高学历、工作时间长、具有苏锡常职工或城镇医疗或养老保险或者拥有住房的流动人口。

苏州的积分入户政策虽然从许多方面相比之前的"买房入户"和"投资入户"要求降低，并且给予社会贡献等方面的积分，但总体上看，苏州以及全国其他地方的积分入户政策主要包含的都是学历、投资、社会贡献等几个重要方面。对于一个城市而言，可以大大提高城市居民的整体素质，但是表面看起来很公平的积分入户政策，其实阻碍了大量社会底层尤其是农民工人群的入户可能性，虽然相比之前的入户政策条件有所降低，但对于学历较低以及其他方面比较普通的农民工而言，积分入户政策依然是一道非常高的门槛，成为无法越过的大山。在空间权利方面，生活在底层的人群虽然也为城市的发展做出巨大的贡献和牺牲，但他们仅仅是这个城市的过客，失去了在苏州落户的权利。

因此本书建议降低城市户口的入户条件，尤其是学历、投资等智力与经济方面的条件；适当延长城市居住年限，保障在城市长期居住且有强烈入户意愿人口的入户要求。

7.4.2 流动人口入户意愿与城市社会空间重构

苏锡常流动人口入户意愿只占 54.6%，总体上不是太高，与苏锡常本地的入户成本以及流动人口相关的阻碍因素有关。一方面要尊重流动人口的入户意愿，另一方面要减轻流动人口的入户阻碍因素。

苏锡常流动人口入户意愿与流动人口年龄、婚姻状况、受教育程度、收入水平、医疗保障、留守人员以及外出打工时间相关。年龄对入户意愿呈负面影响，年龄越大，入户意愿越弱，其中 19～24 岁者的入户意愿最高，达到 62.4%，25～44 岁者的入户意愿为 57.1%，而 45～64 岁者的入户意愿仅有 31.5%，证明老一代流动人口或者农民工入户意愿相比年轻一代较弱，年轻一代流动人口更愿意留在苏锡常，入户苏锡常；婚姻状况对入户意愿呈正向影响，已婚流动人口的入户意愿远大于未婚流动人口的，证明已婚人口对于市民化相关福利和社会保障有更清楚的认识与认同；受教育程度越高，入户意愿较强。同时医疗保障、工作时间对入户意愿也有显著影响，具有苏锡常职工医疗保险和城镇医疗保险的流动人口入户意愿分别为 69.3% 和 60.9%，而参加家乡新农合医疗保险以及家乡城镇医疗保险的流动人口入户意愿则分别为 42.9% 和 38.9%，参加家乡的保险对于入户意愿呈负向影响，不利于流动人口市民化；外出打工时间对流动人口入户意愿的影响比较特殊，外出打工时间在 1～5 年的流动人口入户意愿最高，为 61.6%，其次是外出打工 15 年以上的流动人口入户意愿为 59.3%，外出打工时间 1 年以内的流动人口因为工作不太稳定，入户意愿最低，仅为 44.2%，外出打工时间 6～10 年的流动人口入户意愿为 44.6%，所以外出打工时间对流动人口的入户意愿的影响具有一定的个性特征；农村留守人员对市民化有一定的负面影响，农村留守儿童和老人越多，流动人口市民化意愿越弱，留守人员已经成为市民化主要阻碍之一。

总体上看，由于流动人口对于传统的买房入户政策的了解以及对积分入户政策的模糊不清，过于看重落户苏锡常的难度，导致其入户意愿不高。

尊重年轻人的入户意愿，让更多年轻人融入苏锡常，为他们提供子女教育、医疗以及社会保障，才能从根本上为苏锡常城市发展提供源源不断的年轻劳动力，保障城市的经济活力。对于年龄较大的流动人口，满足其根本的住房、医疗要求。

苏州流动人口积分入户政策实施之前已经开始实施积分入学政策。例如《苏州市义务教育阶段流动人口随迁子女积分入学实施细则》从 2016 年 1 月 15 日开始实施。以苏州工业园区为例，截至 2018 年年底，全区 26 所公办小学、20

所公办初中全部对流动人口随迁子女开放。2016 年小学积分入学申请人数 1 529 人,其中 1 501 人准入,准入率为 98.17%;初中积分入学申请人数 663 人,其中 642 人准入,准入率为 96.83%。从申请人数和准入结果看,申请人数不太多,尤其是初中申请人数更是不多,但准入率高,这很大程度上解决了流动人口随迁子女义务教育阶段入学问题。

7.4.3　流动人口入户阻碍因素与城市社会空间重构

房价高是阻碍苏锡常流动人口市民化最重要的因素,有 77% 的流动人口认为苏锡常的高房价是入户的最大障碍。2017 年全国土地出让收入超过 1 500 亿元的城市有北京、杭州、南京、苏州、武汉,苏州连续两年土地出让金排名全国前 5 名,与之相对应的是苏州房价逐年上涨。无锡和常州 2015 年以前房价还比较稳定,经过 2016 年的疯涨,其房价也到了一般流动人口无法承受的价位。房价的上涨一方面透支了城市未来的发展动力,另一方面极大地提高了流动人口买房的成本,以苏州为例,新的积分管理制度规定入户一定要购房面积达到人均 18 平方米,以三口之家为例,至少购买 54 平方米的住房才能有资格申请积分入户,对大部分流动人口而言,这方面的经济压力依然很大。

在空间生产视角下,住房是日常生活的空间。列斐伏尔认为,日常生活是社会活动中机械、琐碎重复的部分,包括睡眠、饮食等日常活动都在住房内发生,因而住房与日常生活密切相关,是日常生活最主要场所。与此同时,商品住房又是资本循环的第二阶段,政府通过土地拍卖获取土地出让金,开发商通过销售住房获取利润,同时土地与住房又可以进行抵押,住房作为金融产品,进入资本循环之中。房地产商关注的是住房的交换价值,而居民关注的是住房的使用价值,经济的快速发展,资本的循环累积,一部分低收入人群慢慢被排除在商品住房之外,加剧了日常生活的异化。

政府有义务通过保障房体系和保障房政策保障低收入人群的基本住房需求,以维持各类人群的日常生活,不至于像资本主义国家一样,造成日常生活的过度异化和社会等级的强化,引起社会的不平等和不公平。我国经过几十年的探索,建立起比较完善的保障房体系。保障房体系根据各种不同收入人群的需求,提供包括经济适用房、廉租房、公租房、棚改房和限价商品房在内的各种保障用房。

苏州市社会保障房工作力求公平公开,先根据申请条件对符合条件的保障房家庭进行筛查,然后在苏州市政府网站进行公开,如果不符合条件,群众可以举报,从而从根本上杜绝了保障房的腐败现象(表 7-11)。此表涉及的保障房申领对象虽然代表了苏州的低收入家庭,但是农民工和其他城市边缘人群还无法涉足。苏州市流动人口低收入人群可以根据苏州保障房申请条件提出申请,按照条件进行排队,根据申请情况进行排名,从而逐步实现低收入人群的住房保障。

表 7-11 苏州市 2018 年第一批住房保障情况公示

2018 年度第一批住房保障申请家庭情况公示

(共 13 户,按姓氏笔画排序)

最低收入住房困难家庭,共 9 户

申请编号	申请人	工作单位	配偶	配偶工作单位	家庭人口数/人	人均月收入/元	人均住房面积/平方米
1790319242	方**	低保			1	1 181	0
1791319182	叶**	特困职工	张**	灵活就业	3	1 574	12.5
1790419481	范**	低保			1	1 050	13.8
1790419179	金**	低保			1	1 120	0
1790119529	郑**	低保			1	1 225	0
1790419177	胡**	低保			1	1 120	9.78
1790419117	胡**	低保			1	1 013	0
1791119181	龚**	低保			1	1 050	0
1790319176	霍**	苏州大元印务有限公司	景**	低保	4	953.25	0

低收入住房困难家庭,共 4 户

申请编号	申请人	工作单位	配偶	配偶工作单位	家庭人口数/人	人均月收入/元	人均住房面积/平方米
1790919344	王**	东吴中西医结合医院	万**		3	1 510.30	0
1790119530	邱**	退休			1	2 040.70	0
1791219188	陈**	退休	潘**	退休	3	2 129.93	0
1790419178	费**	灵活就业	汤**		3	1 293.33	0

资料来源:苏州市人民政府网站 http://www.suzhou.gov.cn/zwfw/zffw_13176/bzxzf_13313/mdgs_13316/201801/t20180118_947887.shtml.

7.4.4 城市边缘人群的城市权利与城市社会空间重构

城市边缘人群指那些社会经济地位低下、没有稳定收入来源的人群，包括进城务工农村流动人口、失业半失业人群及残疾人群等（表7-12）。城市边缘人群的人力资本和社会网络关系非常有限，同时城市边缘人群还具有传承和迭代效应。有限的社会网络、较低的经济收入和社会地位，决定其子女不能受到良好教育，进而影响其工作能力，形成新的边缘群体。新生代农民工从某种程度来说就是城市边缘人群的传承。

表7-12　城市边缘人群特点及代表①

城市边缘人群特点	城市边缘人群形成原因	城市边缘人群代表
① 社会经济地位非常低下，处于社会底层，没有收入来源或者收入微薄，处于失业或半失业状态。 ② 缺乏改善自身经济地位的能力，人力资本和社会关系网络非常有限。 ③ 有传承和迭代特征，没有好的收入，子女无法接受好的教育，进而无法找到好的工作，成为新的边缘群体，造成边缘传承效应，同时由于经济地位、社会地位全方位叠加效应造成边缘的形成。	① 制度变迁原因，产业变迁和就业制度变迁造成国企大量下岗职工人员。 ② 个人和家庭原因，个人身体残疾，家庭或个人生病造成的贫困。 ③ 城乡二元结构体制原因造成城乡差距。 ④ "资本＋权力"的城镇化进程和城乡空间生产模式。	① 进城务工的部分低收入农民工。 ② 失业、半失业人员。 ③ 新型城市失地农民。 ④ 部分困难国企员工。 ⑤ 残疾人员等。

城市边缘人群最主要的形成原因是城乡二元结构，包括土地制度、社会保障制度、医疗制度和教育制度方面的城乡权利差别。以城市主导的城镇化开发模式通过对农民土地的征收，造成大量失地农民的出现，产业转型和就业制度变迁造成城镇失业与半失业人群的形成。还有一部分是个人及家庭原因——因病致贫也是形成城市边缘人群的重要原因。

本书就保障城市边缘人群的空间生产权利提出以下建议：

（1）保障城市边缘人群的"城市权"

"城市权"一方面包括使用者表达他们对在城市中活动空间和时间的观点的权利，同时也涵盖使用中心地区和特权地区。城市应该属于全体居民，不能因为户口、年龄、收入等原因而歧视他们。目前实行的户籍制度改革虽然降低

---

① 罗霞.城市边缘人:被社会忽视的群体[J].贵州民族学院学报(哲学社会科学版),2007(1):115－119.

了农村居民获得城镇户籍的难度,但是不同城市获取户籍的难度差异很大,其实户籍制度还是阻碍城市边缘人群参与城市的空间生产。全国最新的户籍管理政策采用分城市级别管理:小城市和县城全面放开建制镇与落户限制;中等城市有序放开;大城市确定落户条件,制定积分落户政策;特大城市严格控制城市人口规模。该户籍政策是建立在中国国情的基础上经过改革的政策,相比之前的户籍政策以及城乡分离的户籍制度,该户籍政策已经有了非常大的进步。但是大城市(苏州、杭州等)和特大城市(上海、北京等)的积分落户政策与严格准入制度严格限制了弱势流动人口的入户权利,同时也对原有户籍人员设置了天然的保护,在城市之间建立了无形的栅栏,一方面虽然没有严格限制弱势流动人口生活于大城市或特大城市的权利,另一方面还是通过无形的城市权利(教育、医疗、社保等权利)阻碍了弱势流动人口的融入,不利于和谐社会的形成。但一旦全面放开户籍制度,此类城市也面临巨大的经济与社会压力,如何保护弱势流动人口的落户权利对于城市管理者而言是一个巨大的挑战。

积分入学和积分就医保障了一部分流动人口的城市权利,但是由于城市教学资源的稀缺,加上积分入学只能办理托幼阶段、小学一年级和初中一年级的儿童入学问题。由于我国教育资源的分配所限,高中阶段的入学必须回到户籍所在地进行就读,这也是积分入学制度和积分入户制度的矛盾,如果在初中毕业前,流动人口家庭没有解决积分入户的问题,那么流动人口的子女必须回到户籍所在地进行高中阶段的学习,生源地和苏锡常可能在教学内容上存在不同,又给这些孩子带来新的阻碍。

积分就医首要条件是必须缴纳社保。根据此次调查,签订劳动合同参加社保的流动人口仅占调查人群的56.7%,有43.3%的流动人口没有签订劳动合同,其随迁子女无法享受积分就医政策的照顾。流动人口中签订劳动合同者参加苏州职工医疗保险的仅占30%,这说明26.7%的签订了劳动合同的流动人口没有享受到职工医疗保险的保障。

(2)加强提升城市边缘人群的发展权和脱贫能力

空间生产的核心是社会关系的生产,如果不进行发展权的提升,社会边缘人群的社会关系不变,依然存在严重的贫困和边缘迭代与传承。加强对城市边缘人群的援助,不仅仅靠"输血"维持他们基本的生活,更重要的是依靠"造血"功能,提升他们的知识技术水平和工作能力,从而提高他们的经济收入。

按照《城镇最低收入家庭廉租房管理办法》《国务院关于解决城市低收入家庭住房困难的意见》《城市居民最低生活保障条件》《关于建立城市医疗救助制度有关事项的通知》的规定,对达到最低标准的人群开展援助,未符合最低标准，同时各方面又比较困难的群体无法享受到政府帮助。对于此类人群而言，如何提高他们的收入，提高他们发展权，就尤为重要。因此应当对城市边缘人群进行分级，给予最低等级的城市边缘人群如老弱病残人群以社会救助，保障他们的基本生活权利；有一定收入和能力的边缘人群抗风险能力较差，重点提高他们的发展权利，如加强技能培训，以便让他们获得稳定收入的工作。

（3）加强保护城市边缘人群的社会权利

经济权、发展权和社会权是逐步递进的权利层次，没有经济权和发展权，就无法保护城市边缘人群的社会权利。社会权利从根本上说是一种社会关系的体现，是空间生产的核心权利。城市边缘人群的权利受到侵害时，他们往往无法通过合理的法律途径得到帮助。因此，建立合理的司法救助体系是对城市边缘人群社会权利最根本的保障。国家虽然已经建立起司法救助体系，但是在实际操作中，如果侵权的对方具有较高的社会地位，有时甚至是大公司或者地方政府，"资本＋权力"的强势组合在空间生产中容易剥夺处于弱势地位的城市边缘人群的社会权利，使所谓的司法救助流于形式或不了了之。

7.5　本章小结

苏锡常流动人口市民化意愿与流动人口年龄、婚姻状况、受教育程度、收入水平、参加医疗保险、留守人员以及外出打工时间相关。年龄对市民化意愿呈负面影响，年龄越大，市民化意愿越弱；婚姻状况对市民化意愿呈正向影响，已婚流动人口市民化意愿远大于未婚流动人口；受教育程度越高，市民化意愿越强；同时，收入水平、外出打工时间对市民化意愿也有显著影响；参加医疗保险对于市民化意愿呈负向影响；农村留守人员对市民化意愿有一定的负面影响，农村留守儿童和老人越多，流动人口市民化意愿越弱，留守人员已经成为市民化的主要阻碍之一。

苏锡常流动人口市民化能力与流动人口受教育程度、从事行业、收入水平、参加医疗保险和失业保险、外出打工时间、是否签订劳动合同以及乡村土地处理方式等因素密切相关。受教育程度和收入情况对流动人口市民能力影响显著，两者同时存在密切关系，收入水平一般随着受教育程度的提高而提高，收入越高，相应住房、消费等能力越强，市民化能力就更强；外出打工时间、工作行业对市民化能力有一定的正面影响，工作时间越长，经验丰富，收入会越高，市民化能力越强；正向影响中参加工伤保险对市民化能力有一定影响；参加医疗保险、是否签订劳动合同以及乡村土地处理方式对市民化能力呈负面影响。

阻碍苏锡常流动人口市民化的因素有房价、积分政策、工作稳定性、收入水平、留守人员、家乡土地处理方式等,但积分政策、留守人员、家乡土地处理方式对市民化阻碍不显著,房价、个人收入水平和工作稳定性是阻碍市民化的主要因素,房价对市民化影响最大,工作稳定性其次,收入水平也具有很大的影响。

8 建立新型城乡社会空间结构

8.1 继续推进土地、户籍等制度改革

8.1.1 完善土地制度,保障农民合法财产

土地制度改革涉及土地产权制度、土地使用制度改革。社会主义公有制性质决定我国土地实行公有制,尽管学界热衷讨论土地私有还是土地公有的问题,但是土地公有制是我国的一项政治制度安排,目前或者在相当长的一段时间内改变土地性质尤其是农村土地性质不符合我国国情。苏锡常虽然在土地改革方面进行了尝试,但是有关土地入股问题与相关法律存在矛盾,因此,对于苏锡常土地制度改革,本书提出以下观点:

(1) 建立"永久承包权"的农民土地集体所有制

农村土地的承包权年限,已经从刚刚开始农村土地承包责任制时期的 2~3 年,延长到现在的 30 年(表 8-1),2008 年《中共中央关于推进农村改革发展若干问题的决定》中指出:"赋予农民更加充分而有保障的土地承包经营权,现有土地承包关系要保持稳定并长久不变。"意味着国家层面肯定了农村土地承包制的长期性。既然土地承包人在承包期届满,可以继续承包,同时承包合同形式长期不变,那么就有对农村土地承包期限无限延长的可能,使农民获得土地"永久承包权",农村土地形式上属于集体所有,但实际上农民对土地具有长期承包权,即长期对所承包土地有占有、使用和收益的权利。

表8-1　农村土地承包年限

时间	条例	承包年限
1984年以前		2~3年
1984年	《农村工作通知》	15年
1993年	《关于当前农业和农村经济发展的若干政策》	30年
2003年	《中华人民共和国土地承包法》	耕地　30年 草地　30年 林地　30~70年 特殊林地　经批准可延长

资料来源:作者根据相关资料整理。

苏州已经在农村土地承包制度改革上进行了"三大合作""三大集中""三大置换"的改革,无锡和常州也进行了土地承包制度改革,农民获得参与空间生产的权利,同时农民土地也进入城市资本循环中并产生大量收益,但是这些制度变迁都是地方政府和农民自下而上的制度变迁,在法律上还没有完全得到承认。农村土地承包制度改革必须是自上而下的变迁,中央政府经过顶层设计,稳定农民永久承包权,同时法律上保护农民土地不能随便被侵犯。在此基础上才能真正保护农民收益,缩小城乡差距。

（2）建立"农民代理人"制度

目前,集体土地所有制存在主体缺位、农村土地所有权虚拟化等问题,因而必须建立农民土地自己的代理人。目前集体所有制代理人主要是村委会成员,在土地征用以及改变农地用途时农民无法为自己提出利益诉求。村委会从代理人角度说是代表政府层面,无法或者没有权力代表农民的利益,容易造成对农民利益的损害。

起源于欧洲的"合作制"是基于成员私人拥有产权的一种组织,个人入社的资源界定得清清楚楚,资源的使用是合作的,但所有成员都参与决策,比较典型的合作社实行"一人一票"制,这是合作制不同于集体所有制的地方,同时也与苏锡常实行的股份合作社有本质的区别。

为了维护农民的利益,减少公权对私权的侵犯,农民集体需要建立自己的代理人制度,比如通过农民大会或者村民小组选举,成立农民非官方非营利性协会组织,全权负责谈判沟通,处理农民土地非农化、征地过程中的补偿问题,真正体现"农民当家作主",同时也规避村干部在征地过程中的道德风险问题。

苏锡常农民土地股份合作主体有集体、企业和农民,目前集体是农民的真正代理人,但是由于集体组织与政府和开发商有天然的权力与资本联系,容易损害农民参与城市空间生产的权利,造成对农民土地权益的侵犯。因而结合所有农民参与选举的农民代理人可以完全代理农民的利益,更好地保护农民的权利。

（3）保障农民土地的财产权

目前属于农民的主要财产就是承包的土地和宅基地,因为产权属性决定,农民的土地和宅基地无法市场化,不能体现其财产权价值。《土地管理法》第62条规定:农村村民一户只能拥有一处宅基地,农村村民出卖、出租住房后,再申请宅基地的,不予批准。

农民宅基地的转让范围严格限制在非常小的范围内（村集体）,超出范围的转让和交换是违法的。这就相当于否定了农民宅基地的市场价值,农民即使在城里买房,或者已经在城里工作,农村宅基地也无法体现市场价值,这就构成了城乡住房的单向流通,农民只能城镇化,城市居民至目前为止无法到农村买房,不能实现农村宅基地的市场价值。

苏锡常农村集体土地"三大集中""三大置换""三大合作"在一定程度上实现了农民的土地权益,农民可以通过土地股份合作获得承包土地的租金或分红,通过宅基地置换获得城市住房,通过建设用地的参股获得收益,这是在保证土地所有权集体所有的前提下,农民参与自己农村土地的空间生产。

本书提出的土地承包权实行"永久化",同时给予农民经营权的转让、抵押和租赁,是一种渐进式的制度变迁方式,虽然既得利益集团在土地出让收益分成上比以前减少,但是给予农民更多的利益和权益保障,促进了城镇化,提高了城镇化率,缩小了城乡差距,为城乡一体化打下了坚实的基础,也实现了地方政府的长期目标。

（4）探讨城乡共同参与的土地开发模式,保障农村居民资产收益权

权力和资本的城镇化过程围绕土地征用、拍卖、房地产开发或土地质押的金融模式获取大量的资金进行资本循环,在这种制度安排下,城市对"土地的饥渴"导致土地征用的盲目扩大,造成对农村土地指标和利益的剥夺,仅仅提供少量的资金进行"拆迁安置",对失地农民的权益考虑较少,形成不可调和的城乡矛盾。

新型城乡空间生产要考虑新的土地开发模式,减少城市对乡村土地资源和集体土地国有化的巨大收益掠夺。按照城乡规划的土地使用要求,循序渐进地进行土地征用。

《中国共产党十八届三中全会全面深化改革决定》提出"建立城乡统一的建设用地市场",在政策上保障了农村集体经营土地与国有土地同权同价,但是在具体操作过程中由于对集体用地转让的苛刻限制,农民还是无法平等享受集体土地的市场价值。特别是边远地区农民的集体用地市场价值基本等同于农业用地价值,如何构建农村集体用地利益的平等分配,重庆地票制在全国做了一项有益的尝试。在重庆,农民可以将自己偏远地区的住宅用地或者集体建设用地通过地票市场进行交易,交换成城市建设用地,中标企业可以凭借地票优先获得城市建设用地指标。在去掉平整成本和交易成本的前提下,农民可以与集体按一定股份获得地票收益,从而可以通过地票收益在城镇买房,实现了农村宅基地和集体建设用地的市场等价。国家对于集体经营性土地出让规定从制度上保证了集体土地与城市国有土地同权同价,合理提高个人(农民)的财产收益。但是由于涉及相关法律的修改,目前关于集体土地转让、抵押和出租,还没有制定相关政策。

农村集体土地改革是一项制度变迁过程,由于制度变革会产生路径依赖,既得利益集团(地方政府以及相关农村集体土地的代言人)会利用手中的权力、资源直接干预或者间接游说以阻碍新制度的推行,形成诺斯路径依赖的第二种情况。同时对农村土地制度进行一定程度的改革,由"两权(所有权归属集体,承包经营权归属农民)"变成"三权(所有权,承包权和经营权)",苏锡常村集体土地尤其是城市郊区农村集体土地通过土地抵押、租赁和转让,使土地承包权和经营权分离,农民既能出租土地获取收益,同时也能参与土地经营,通过承包土地的相关股份获取收益,但是国家对这类土地政策体系和制度还没有做出明确规定。关于农民土地如何入股以及股份比例,法律没有明确规定,各地虽然进行了土地改革的探索,但是要真正保护农民的土地财产权,必须有明确的法律规定和有效的监督实施。

8.1.2 改革户籍制度,保障居民城市权利

(1)保障居民参加城市空间生产的权利

列斐伏尔认为,日常城市生活的正常运作导致不平等的力量关系,表现为城市空间中的不平等、不公正的社会资源分配。处于不平等、不公正地理空间的弱势群体为了取得更大的社会权力和更多的资源,因此开始介入夺回城市权的斗争。

19世纪中叶开始,空间,尤其是城市化空间的引用,便对资本主义的生存发挥了关键作用。列斐伏尔认为,以争夺城市化空间为核心,既得利益者谋求长

治久安,弱势群体则谋求更大的控制权,各方均希望通过空间的社会化生产满足自身的根本需求。

列斐伏尔认为,城市权,辅之以差异权和知情权,能使作为城市居民与服务使用者的公民权利得到调整、具体化和更容易实现。城市权一方面包括使用者表达他们对在城市中活动空间和时间的观点的权利,同时也涵盖使用中心地区和特权地区,而不是被打发塞进种族聚居区(工人、移民、"边缘人"聚居区)的权利。

在《城市权》一书中,列斐伏尔将城市权与差异权结合起来,挑战同质化、碎片化。书中指出,城市居民单凭住在城市这一事实,便拥有明确的空间权利,即公开地参与城市空间生产的过程,得到和享用更宝贵的城市中心生活的优势,不受强加的各种形式的空间隔离和限制,享受满足基本需要的健康、教育和福利等公共服务。

哈维在《新左派评论》中讨论对最贫困人群剥夺的加剧和富人因发展而寻求空间殖民化的斗争,认为要将此斗争统一起来,一个办法就是确立城市权,既作为工作标语又作为政治理念,因为它针对的正是谁掌握城市化与剩余价值生产和使用之间的必要联系的问题。如果被剥夺者要夺回他们长期被剥夺的控制权,就必须把这种权利民主化,并构建广泛的社会运动加以实现。

2004年《世界城市权宪章》中为了使全球正义、环境正义和人权运动融为一体,强调"城市是一个隶属于全体居民的富有的多元文化空间"。并认为每一个人都享有城市权。市民不能只被界定为永久的住户,还要包括那些"过境者"。该宪章列出了"城市权准则",包括民主管理、公民权利的完全行使、经济和文化资源的使用、平等与无歧视、对弱势群体的特殊保护、经济稳定以及发展政策。①

同时,城市权并不限于正规城市的权利,为了保证对城市提供的资源、财富、服务、商品和机会的公平、正义、民主、可持续的分配及享用,城市与它们周边的农村地区也是实践、履行集体权利的活动空间和地点。

对于城市边缘人群的主体——农民工、城市低收入人员以及失业半失业人员,要加强对其基本公共服务体系的保障,如保障其低保、卫生、教育等方面的权利,同时提高他们的发展权,不能以限制进入等手段限制流动人口进入大城市与特大城市。同时在城市创新空间生产的过程中,保护城市边缘人群的空间

---

① 爱德华·W·苏贾.寻求空间正义[M].高春花,强乃社,等,译.北京:社会科学文献出版社,2001:102.

生产的权利,不能将边缘人群排除在城市创新空间之外,创新空间依然需要城市边缘人群的基本服务。

（2）完善相关法律,保障公民自由迁移

人类对迁徙自由权利的追求最早可追溯到 1215 年英国的《自由大宪章》。该宪章第 42 条规定:"任何对余等效忠之人民,除在战时为国家与公共幸福得暂时加以限制外,皆可由水道或旱道安全出国或入国。"1948 年 12 月 10 日联合国大会通过的《世界人权宣言》第 13 条规定:"人人在各国境内有权自由迁徙和居住。"1966 年《公民权利和政治权利国际公约》规定:"合法处于一国领土内的每一个人在该领土内有权享受迁徙自由和选择住所的自由。"

我国法律关于迁徙权的规定最早体现在 1912 年《中华民国临时约法》,1936 年《中华民国宪法草案》、1946 年《中华民国宪法》对迁徙自由和居住自由也做出了规定。1954 年中华人民共和国第一部《宪法》明确规定:"中华人民共和国公民有居住和迁徙的自由。"

我国在 1975 年和 1978 年的宪法修改中取消了包括迁徙自由在内的 1954 年宪法对公民基本权利的大部分规定。其后的 1982 年宪法也没有关于迁徙自由方面的明确规定。到现在为止,最新的宪法修改依然没有将公民迁徙自由权纳入其中。

自此,中国公民法律上的迁徙自由权利被取消。改革开放后虽然经济快速发展,广大公民尤其是农民进城务工,获得经济上的收入,但是因为没有法律意义上的公民自由迁徙权的保障,各地往往以城市容量有限、就业困难、社保资金来源不足等理由人为限制或者阻止人员流动,尤其是阻止弱势群体向城市特别是大城市的流动。

迁徙自由权的改革可以通过自下而上的制度变迁,待时机成熟时写入宪法。目前苏锡常实现城乡户籍统一,城乡居民可以自由迁徙到城市,但是对于城镇居民迁移到农村还是给予限制。真正的迁徙自由应该是双向迁移自由,双向的自由迁徙权保障了公民在法律面前人人平等。但是目前我国法律规定,城镇居民不能到农村购买住房,限制了城镇居民向农村的迁移。外地流动人口更加不能随意迁入城市,苏州目前实施的积分入户政策对于流动人口中大多数的农民工而言门槛依然很高,无锡和常州的入户门槛虽较苏州低,但是存在农民工入户意愿不高、入户能力受限的问题。

（3）继续推行户籍制度改革,降低大城市入户门槛

中共十八大以后我国开始实施新型城镇化战略,新型城镇化的核心是人的城镇化。截至 2016 年年底,全国 29 个省、市、自治区出台了户籍制度改革意

见,主要改革方面涉及:区域内取消农业户口和非农户口的区分,统一为居民户口,强化户口管理的人口登记功能;制度落户条件,规定在城镇居住 2～5 年不等,大城市实行积分入户政策。

上海、深圳、天津、苏州、杭州、南京等特大城市、大城市主要实行积分入户制度。这些城市在住房、社保、学历等方面设立了较高的积分标准,其他如社会贡献、相关证书方面也有积分要求。这些积分政策实际上吸引和保证"高技能人才"的入户,处于社会弱势群体的大部分的农民工很难融入这些发达的特大城市和大城市,依然处于这些城市的边缘,只能享受很少一部分的城市权利。

户籍制度最根本的是社会公共服务的公平,对于有市民化意愿和能力的农民工,地方政府应当通过土地承包权的转包、宅基地的异地置换保障农民住房的权益;对于没有市民化意愿和能力的农民工,地方政府应该采取措施保障这些流动人口的医疗、教育和其他社会公共服务,随着社会公共服务的均等化实施,户籍制度的门槛会逐渐降低。

8.1.3 健全农村社会公共服务体系,缩小城乡差距

截至 2017 年年底,我国户籍人口城镇化率为 42.35%,仍有 57.65% 的农村户籍人口,这些农村户籍人口的社会保障目前基本是参加农村社保。由于各种原因,农村社保与城镇居民社保以及城镇职工社保水平相差很大,对于占一半以上人口的农村居民,要提高他们的社会保障水平,各级政府必须从财政上给予大的倾斜,逐渐缩小城乡社保差别。东部发达地区比如苏锡常等地因为有较好的经济基础,已经实现了城乡居民的社保统一,但是广大中西部地区由于地方财政的实力不够,中央财政要对此给予适当的倾斜和支持。农村社保制度遵循"先覆盖,后提高"的路径,目前农村基本医疗保障制度的覆盖率较高,但是社保水平较低,无法起到社会保障的作用;养老保险制度在许多农村地区由于农民意识的问题还未完全建立,目前还是"子女养老"模式。基于此,一方面要加大在农村地区社保制度宣传,让农民认识到社保制度的优点,吸引他们增加社会保障的投入以获取更大的保障。同时要加大对农村地区社会保障制度的财政转移支付,积极多方位筹措资金,争取达到医疗、养老、低保等社保制度的全覆盖。

健全农村社会公共服务体系,在教育、医疗卫生、农村就业等方面要给予人力、财力等方面的支持。如建立城镇教师、医生农村支持制度,每年以计划的形式保障一定数量的教师和医生对口支援农村;对于农村的教师和医生建立定期

培训学习制度,保证人才队伍知识化和信息化更新。

以人为本,其基本内容就是一切从人民群众的需要出发,促进人的全面发展,实现人民群众的根本利益。通过各项制度改革,构建新的制度体系,以法律形式保障居民的迁徙权和城市居住权,依法平等享受城市的各项福利条件,构建和谐、共生的城乡社会。

8.1.4　建立生态补偿机制,保护城乡生态环境

生态补偿机制是根据生产生活活动对环境的破坏或者保护,采取收费或补偿,提高损坏环境行为的成本,同时补偿保护环境的收益的行为。

生态补偿机制必须以政府为主导,建立政府、企业、居民和社会共同参与的体系,以实现城乡生态环境改善。应采用"谁受益、谁补偿""谁保护、谁受偿"的长效机制,以维护创造美丽环境,使保护自然生态系统的个人或单位受益。

苏州的"四个百万亩"工程,即百万亩优质粮油工程、百万亩特种水产工程、百万亩高效园艺工程、百万亩生态林地工程,在城市高速发展的同时,保障了现代农业发展空间,促进生态文明建设,同时也保护了乡村的空间生产。

"四个百万亩"工程在苏州城市与乡村之间建立了绿带,居民生活在城市之中,既可以享有大城市的一切优越性,同时又可享用乡村所有的清新乐趣。这种生态环境优美的"社会性"城市是霍华德田园城市理论的核心,因此,保护生态环境,建立"社会城市",吸引社会不同群体力量的参与,破除权力和规划者的空间生产的实践,有利于城市可持续发展和城乡社会空间融合。

8.2　构建多方参与的规划体系

中国城乡规划体系在空间范围上分为四个层次的规划,第一个层次是城镇体系规划,包括全国城镇体系规划和省域城镇体系规划;第二个层次是城市规划,县城被纳入城市体系规划;第三个层次是乡、镇一级的规划;第四个层次即最基层的规划是村庄规划(图8-1)。村庄和乡镇作为农民生产与再生产的空间,首次被纳入城乡总体规划,从规划体系上实现了城乡一体。同时配套的"三规合一"和"多规合一"在许多城市开始实施,乡村作为城市权力和资本侵蚀的空间变成了农民(公众)参与的空间,农民作为空间生产的主体之一可以参与城乡规划和城乡空间生产。但由于专业知识的缺乏,公众空间生产的权利必须有相关的制度建设才能得到根本保障。

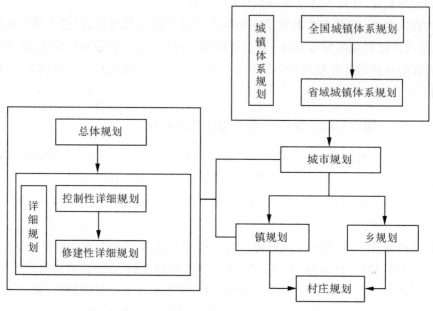

图8-1 中国城乡规划体系

2012年以来,新型城镇化成为新的城市规划指导方针,不同层级的规划共同构建了苏锡常城乡规划体系(表8-2)。国家级层面的规划有《国家新型城镇化规划(2014—2020)》,其中指出要推动城乡一体化,建立城乡一体的要素市场,推进城乡规划、基础设施和公共服务一体化。

表8-2 苏锡常城乡规划体系

级别	规划	城乡空间生产	具体措施
国家级	《国家新型城镇化规划(2014—2020)》	推动城乡发展一体化	推动城乡统一要素建设,推进城乡规划、基础设施和公共服务一体化
	《江苏省城镇体系规划(2015—2030)》	沿江城市带	建设成为以特大城市(南京、苏州)、大城市(无锡、常州、南通、扬州)为主体,空间集约高效城市集群
		苏锡常城市圈	苏锡常都市圈成为更高层次上参与国际分工的先导区、全国创新型经济、转型发展、现代化建设的先行区

续表

级别	规划	城乡空间生产	具体措施
省级	《江苏省新型城镇化规划》	推动规划体制改革	苏南加快转型发展步伐,并在打造长三角世界级城市群中发挥重要作用
		推动新型城镇化和城乡发展一体化	支持有条件的地区实施经济社会发展总体规划、城市规划、土地利用规划等"多规合一"
		试点示范	支持苏州开展国家级城乡发展一体化综合改革试点,重点在城乡基本公共服务均等化、和谐社会建设等方面探索创新,为全国推进城乡发展一体化做出新贡献
区域级	《苏锡常现代化建设示范区规划》	城乡现代化	优化城乡各种资源配置、完善城乡协调发展体制机制,成为城乡协调发展示范区
市级	《苏州城市总体规划(2011—2020)》	城乡区域统筹发展	实行城乡统一规划管理,保持乡村特色风貌,建设特色镇和示范中心村
镇级	《苏州光福镇总体规划(2014—2030)》	"一核二廊、南产北居"	"一核":围绕东崦湖形成光福镇镇区的公共活动中心;"二廊":依托浒光运河和木光运河形成光福镇镇区的两条生态廊道;"南产":南部、东南部布局镇区工业集中用地,与东侧太湖产业科技园对接,形成镇区主要的产业空间;"北居":以光福镇老镇区为基础,适度东、北拓展,形成光福镇镇区的主要居住空间
	《无锡羊尖镇总体规划(2015—2030)》	"一心、一带、三轴六点、多片区"	"一心":羊尖镇区中心;"一带":宛山荡生态湿地带;"三轴":锡沪路、锡通高速、锡昆高速;"六点":三个服务中心、三个旅游景点;"多片区":多功能片区
	《常州市武进区嘉泽镇总体规划(2016—2020)》	"两核、三片、多点"	"两核":嘉泽镇区,礼河片区;"三片":夏溪、厚余、成章生产生活片区;"多点":景观式集中居民点。其中规划重点村78个、特色村1个

资料来源:作者根据相关资料整理。

城镇体系的另一个层面是江苏省城镇体系规划,此规划中苏锡常成为沿江城市带的重要组成部分,苏锡常城市圈成为江苏省最重要的城市圈,是全国创新经济、转型发展现代化建设的先导区。江苏省新型城镇化规划中明确提出支持苏州开展国家级城乡一体化综合改革试点,为全国推进城乡一体化发展做出新贡献。

区域级别的苏锡常现代化建设示范区规划提出将苏锡常建设成为城乡一体

化的先导区,为全国城乡协调发展提供示范。城市级别和乡镇级别的规划是空间生产的具体实施,表现为实现城乡级别公共服务均等化,加强对镇、村指导,建立特色镇和示范村,保持乡村特色风貌,实现乡村振兴。村庄规划是最基础的规划,同时也是最容易被忽视的规划,传统的规划体系基本忽略村庄规划。乡镇、村庄是农民空间生产的主要场所,更要体现农民的主人翁地位和权力。城乡规划体系不是简单的各层级规划的加总,而是彼此相互联系、相互依赖的规划体系。城市专家和农村专家不能各执一词,要将城市和农村作为一个整体进行考虑。①

苏锡常城乡规划从价值观上应从"为土地开发而规划"转向"为人而规划",将人尤其是将人的空间需求作为规划的核心需求,围绕不同阶层、不同社会群体的空间权利进行规划,满足他们差异化的空间需求。在方法论上,应由落实指令和计划的工具变成协调城乡空间利益的政策工具;在实践中应从追求静态的空间蓝图转为体现社会多元化诉求的系统化改良的路径,服务城乡居民的空间保障体系和人居建设。②

《城乡规划法》的颁布与实施标志着以传统城市权力为核心的城市本位转向城乡统筹,强调对基本民生,尤其是乡村民生的重视,由国家主导的城市规划走向多种力量参与的城乡规划,将公共利益放在核心地位,关注弱势群体,同时建立起上级监督、人大监督和社会监督的三级监督体系,强化公众参与,建立政府组织、专家领衔、部门合作、公众参与、科学决策的城乡规划体系(图8-2)。

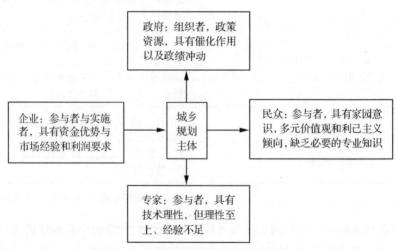

图8-2 社会权力参与的城乡规划主体组成

---

① 吴良镛. 人居环境科学导论[M]. 北京:中国建筑工业出版社,2001:173-215.
② 吴廷海. 空间共享:新马克思主义与中国城镇化[M]. 北京:商务印书馆,2014:146-147.

新的城乡规划主体中强调社会权力的参与,民众虽然缺乏必要的专业知识,但是在涉及自身权益的空间生产时可以根据规划维护自己的权益;政府是规划的组织者,依然是权力的核心;企业具有丰富的经验和市场优势,趋利的动机决定了城乡规划的一元视角;专家具有技术理性,体现为空间的再现。

乡村的空间生产和管理虽然开始得到重视,但是城乡主要还是围绕土地进行空间生产,新型城镇化是建立以人为中心的城镇化,乡村不再只是城市空间生产的土地提供者,而是与城市发展密不可分的一体,农民角色不再是城乡二元结构的等级划分,而是一种空间生产的职业身份。

苏锡常乡村参与到空间生产中始于20世纪80年代初期的乡镇企业的发展,但是独立于城市的空间生产,因为城市空间的限制,乡镇成为乡村人口空间生产的独特空间。2005年开始建设社会主义新农村,从经济建设、政治建设、文化建设、社会建设与法制建设五个方面全方位进行,促进经济社会全面协调发展,是建设小康社会和和谐社会的必由之路。但是单靠农村自身发展和空间生产,无法缩小城乡差距。城乡统筹发展,建立新型城乡空间关系成为必然的选择。

城乡一体化不是消灭农村,而是让农村享有与城市一体的教育、医疗和社会保障服务;城乡一体化不是城镇化,而是城乡人口的权益的一体化。乡村振兴最终目的是彻底解决农村产业和农业就业问题,确保农民稳定增收,安居乐业。

城乡主体的参与程度决定社会权力介入城乡空间生产的程度,从而决定城乡社会的公平和正义。

8.3 重建苏锡常城乡资本循环

传统的城乡社会空间结构是在权力和资本结盟的城镇化过程中形成的,体现了城乡社会空间结构、城市内部社会空间结构的巨大差异与断裂。新型城乡空间生产不仅要维系资本城镇化,更要维系民生城镇化,要从以"土地"为主的空间城镇化转向以"人"为主的城镇化,但是两者不是对立的,提高各类城乡居民收入水平,实现流动人口市民化,满足流动人口的空间需求,仍然需要充足的资本支持;同时资本的城镇化必须考虑到相关利益者的权益,合理分配在城镇化过程中土地的增值尤其是在乡村土地国有化、城镇化过程中的增值收益,重建城乡资本循环。

8.3.1 改进地方政府的政绩考核标准

重建城乡资本循环首先必须厘清权力与资本城镇化的根本关系。中国实行社会主义市场经济体制以来,地方政府成为具有很强能动性的代理人角色。特别是 1994 年财税制度改革以来,中央政府赋予地方政府在土地使用权方面极大的自主权力,地方政府官员有上级中央政府的政绩考核压力,而地方 GDP 的总量和增量在政绩中占有相当大的比重,于是形成了地方政府追求 GDP,追求 GDP 必须招商引资和发展房地产,发展房地产吸引外来人口,必须建设好城市建成环境以形成更好的环境和资源,从而吸引人口,利用资本进行空间生产,获得更大政绩的政绩驱动模式。这种只对上负责的政绩驱动模式决定了传统的城镇化和资本循环都是围绕政绩或者 GDP 来进行的,缺乏对社会尤其是对乡村社会的关注和投入,将乡村的空间生产利益攫取,激化了城乡社会矛盾。

2013 年 12 月,中共中央组织部印发了《关于改进地方党政领导班子和领导干部政绩考核工作的通知》,提出考核地方政府政绩要看经济、政治、文化、社会、生态文明建设和党的建设的实际成效,看解决自身发展中突出矛盾和问题的成效,不能仅仅把地区生产总值及增长率作为考核评价地方官员政绩的主要指标,不能搞地区生产总值及增长率排名。该通知中更加重视科技创新、教育文化、劳动就业、居民收入、社会保障、人民健康状况的考核,不以 GDP 论政绩,同时加强对政府债务的考核。

新的政府政绩考核标准强调了政府对人的发展方面的考核,单纯追求经济增长,忽视环境破坏和人的发展是不可持续的,构建和谐社会,形成城乡一体的发展是经济发展的目标和空间生产的归宿。

8.3.2 建立"四维一体"的苏锡常城乡空间生产主体

现行的空间城镇化的空间生产主体多数是地方政府和开发商,地方政府通过出让土地获取土地出让金,土地出让金一部分进入资本的第二级循环,进行地铁、高速公路、公园等城市建成环境投资,以良好的建成环境吸引外地人口进行消费(购买住房),同时地方政府可以将没有出让的土地进行抵押,获得资本进行政府投资和消费,完成土地资本化。地方政府获取的土地来源主要是旧城改造更新的用地和农村集体用地的征用。开发商通过获取政府的土地完成对住房的投资,通过向城乡居民出售获取利润。整个空间生产过程主要由"地方政府"+"开发商"的两维主体构成。

新型苏锡常城乡社会空间生产必须建立起包括农村居民、集体在内的四维空间生产主体(图8-3)。农村居民作为集体土地所有者,如果其土地处于城市郊区,当被国家征用的时候,除因为公共利益的征用之外,其他因为市场利益征用的,必须保证农民的权益和参与。农民参与土地的开发可以通过三种方式进行,第一种是目前传统的方式,但必须保证农民主观的自愿和客观的经济利益,地方政府在征用农民土地时,必须以农民社保、就业等综合方式折换其土地;第二种是自发建立起开发公司,以土地作为股份参与郊区的土地空间生产,从土地资本化中获取应得的收益;第三种是农民委托集体参与土地开发,集体成为农民实际利益的代言人,这种模式可以克服农民知识能力不足的缺点,但容易造成集体权力的集中和经济利益的侵蚀。集体组织目前来看缺乏监督,在开发郊区的土地上很容易落入贪污腐败的陷阱。远郊的集体土地可以通过组成土地股份合作社,将土地集中起来,承包给种粮大户或者公司经营,农民从中获取租金收益或股份分红。

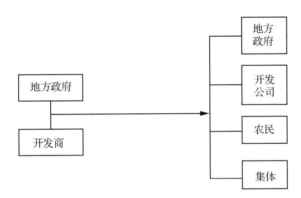

图8-3　"二维"到"四维"的空间生产主体

8.3.3　重构苏锡常城乡资本循环

在基于土地财政的城乡资本循环体系中,地方政府通过对乡村土地征用将集体土地变为国有土地,同时给予农民以现金、房产或者社保补偿,再将国有土地进行出让,获得出让金,将作为财政收入的主要来源的土地出让金在城市的建成环境中进行二次资本循环,但是其很少流入农村建设中。地方政府处于空间生产的中心支配地位,城乡的公共资源由地方政府支配并分配,因为城市发展的经济性和高额回报,以地方政府为主的空间生产及资源分配主要围绕城市来进行,通过集体消费的形式,进入资本的第二循环(图8-4)。[①]

① 吴廷海.空间共享:新马克思主义与中国城镇化[M].北京:商务印书馆,2014:130-132.

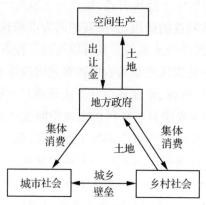

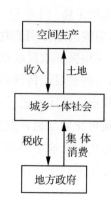

图8-4　基于土地财政的资本循环　　　　图8-5　新型城乡资本循环

　　这种空间生产,忽视了空间的公平和正义,容易造成城乡社会空间结构失衡,如城乡差距拉大、城市污染向农村转移。城乡经济、消费、住房、医疗、教育等方面存在巨大差异,一方面城市规模越来越大,城市建设越来越现代化;另一方面农村成为儿童与留守老人的留守地,凋敝的乡村与华丽的城市,城市居民(具有户籍)与农民工形成鲜明的对比。权力与资本"结盟"的逻辑下的空间生产与社会公平正义之间的矛盾是资本城镇化的根本矛盾。

　　新型城乡空间生产的目标是建立城乡一体、社会公平、空间正义、空间共享的新型社会。其资本循环以城乡社会为空间生产的核心支配地位,城市居民、乡村居民尤其是被征地居民参与城乡空间生产主要是在城市空间生产中,乡村居民在新的资本循环中,不但享有城市生活和空间生产的权利,而且可以获得城市的政治权利(图8-5)。地方政府主要行使公共管理职能,改变传统的以土地财政为主的收入模式,通过征收房产税的形式替代土地出让金,调节不同群体之间的收入差异,改变地方政府过于依赖房地产业的现状,同时降低政府的负债,降低爆发经济危机的风险,避免经济的硬着陆。

8.4　建立城乡共生、空间正义的城乡社会

8.4.1　城乡共生

　　"共生"原是一种生物学概念,是两种生物彼此互利地生存在一起,缺此失彼都不能生存的一类种间关系,是生物之间相互关系的高度发展。城市与乡村

的关系从宏观角度看类似于生物之间的共生关系,城市的发展离不开乡村,同时乡村的发展也离不开城市,两者相互依存,相互促进。历史上的城乡关系经历了乡村主导、城乡对立、城市主导等几个阶段,最后的趋势是城乡融合、城乡共生。

日本学者黑川纪章较早地研究共生思想,其共生思想来自椎尾的《共生教本》,黑川纪章认为,不同文化对立的共生体现在:① 对立的双方或在不同文化中,都必须积极地承认"圣域"(或叫不可理解的领域),并相互尊重对方的"圣域",正因为"圣域"包含有不可理解的部分,所以才要表示尊敬。② 必须在对立的双方不同文化、不同要素之间,设立中间领域:第一个领域是普遍的领域,有共通项、共通规则;第二个领域是中间领域,有不确定的、变化的共通项;第三个领域是圣域,有不可理解的领域。由于设定了三个领域,所以对立要素,不同文化,才能够共生。①

苏锡常城乡一体化发展要促进城乡要素的市场化配置,在土地利用制度、社会保障制度、教育以及其他公共服务方面实现城乡一体。城市与乡村共生发展的普遍领域就是农村居民在社会保障体系、公共服务体系方面享受与城市居民同样的权利,城乡居民法律上享有自由迁徙的自由;其中间领域是在城乡之间找到共同点,如赋予农民财产权,保障农民的财产权,城市在经济方面支持农村的经济发展;城乡一体化并不是城乡完全一致,城市与乡村都具有自己的"圣域"(不可理解的领域),城市不能将城市的发展模式完全照搬到乡村,不能以城市规划替代乡镇规划和乡村规划,保护农村的自然环境,在城市与乡村之间设立绿带(边界),城市的发展必须在规划的绿带范围内发展,不能无止境地蔓延和侵蚀乡村的土地以及社会空间。保护乡村的民居利益及其生活方式,切忌乡村城市化。

8.4.2 空间正义

正义的概念最早可以追溯到柏拉图在《理想国》中提到的"正义是社会中各个等级的人各司其职、各守其序、各得其所";亚里士多德认为平等就是正义;休谟认为公共福利是正义的唯一源泉;穆勒认为正义就是人类基本福利的一些道德规则等。美国哈佛大学教授罗尔斯的《正义论》指出:正义的主题就是社会的基本结构,就是社会体制分配基本权利和义务以及社会合作所产生的利益的生产方式。他认为正义有两个基本原则:一是每一个人都有平等的权利去拥有可

---

① 黑川纪章. 新共生思想[M]. 覃力,杨熹微,译. 北京:中国建筑工业出版社,2009;195 – 196.

以与别人类似的自由权并存的最广泛的基本自由权;二是对社会和经济不平等的安排应能使这种不平等不但可以合理地指望符合每一个人的利益,而且与向所有人开放的地位和职位联系在一起。罗尔斯的非空间的正义概念,主要与自由平等和公平分配的有价物品相联系,涉及自由、机遇、财富和自尊,正如他描述的,假设在一个可接受的民主社会秩序之下,只有当最不行的人们做到了他们所能做到的一切,当处于优势的人们愿意奉献以满足弱势人群期望的时候,正义才能达到理想水平。[①]

罗尔斯的正义观没有触及不平等的主要源泉,只涉及静态形式的社会不平等、不公平的结果,没有涉及产生这些问题的深层次结构过程。

1973 年哈维在《社会正义和城市》中提出与"空间正义"相关的"领土正义"。他认为:正义和地理的焦点并不注重结果,而是注重产生不公正地理的进程,寻求各种歧视性做法下的正义的根源,包括城市劳动力的运行、住房市场、政府和规划。城镇体系的正常运作,从住房、劳工、土地市场到零售商、开发商、银行家和规划者的战略,在对实际收入进行再分配时,往往有利于富人和政治上有实力的人。因而必须进行大规模的社会干预,目的是将不平等的社会和空间倾向扭转过来。但是这些极端的构想没有希望实现,哈维开始探寻城市中的社会正义。

空间正义是城乡社会的最终归宿,只有城乡空间的住房、土地、资本等市场完全一体,城乡所有居民在收入分配时以社会公平为基础,才会最终走向空间公平的城乡社会。苏锡常目前城乡空间生产的目标是建立城乡一体化社会,但是城乡一体化还不等于空间正义,因为苏锡常不同群体之间在空间生产、空间占有和空间权利等方面依然存在很大差别,追求空间正义是苏锡常城乡社会空间重构的最高目标。

8.4.3 "社会逻辑"下的城乡社会空间

新中国的城乡关系从乡村支持城市、农业反哺工业到城乡二元结构固化,从城乡统筹、工业反哺农业到城乡一体化,从传统城镇化到新型城镇化,从新农村建设到乡村振兴,城乡社会空间发生巨变,但是这种变化更多的是政府政策主导下城乡社会空间重构,是一种权力支配下的物质主义和结构主义空间观。

这种城乡空间观是建立在以中央权力和地方权力为核心的"权力逻辑"与以土地资本化、空间城镇化为核心的"资本逻辑"双重逻辑上的社会空间观,它

---

① 爱德华·苏贾.寻求空间正义[M].高春花,等,译.北京:社会科学文献出版社,2001:102.

忽视了社会群体尤其是弱势群体包括农民、农民工、城市低收入者的空间权益，缺乏一种"社会逻辑"的空间思维。城乡空间重构的"社会逻辑"要求重视社会群体的社会权力，积极吸引和鼓励社会群体参与城乡规划的空间实践，从空间生产的"空间的表征"视角支配城乡社会空间。同时，作为控制权力的政府应该减弱对特定空间（城市户籍尤其是特大城市户籍）的控制，降低入户门槛，增强社会行动的话语权和影响。在资本循环中通过政策鼓励资本参与乡村空间生产，提高农村承包土地、建设用地、宅基地的交换价值，为农村居民城镇化提供资本支持。

因此，改变传统的"权力逻辑"和"资本逻辑"双重控制的城乡空间生产，重视社会力量参与空间生产的"社会逻辑"，这应该是苏锡常城乡社会空间重构的目标和归宿。

无论是列斐伏尔的空间实践、空间的再现和再现的空间，还是苏贾的第三空间，都对现代主义空间观进行了批判和抗衡。第三空间作为一种行动的空间，强调主体的空间介入性，关注边缘与差异，认同政治，蕴含一种激进的颠覆潜能。

苏贾和列斐伏尔的空间观虽然主要针对资本主义社会的社会结构，但是对于现阶段我国城乡社会空间重构具有重要的指导意义。城乡社会空间经历第一空间（城乡二元结构下被动的空间）、第二空间（能动的空间，城乡社会空间的双向互动）到第三空间（行动的空间），作为解放的手段，城乡融合但是各具特色，体现城乡差异和空间正义。

现阶段苏锡常城乡社会空间结构重建必须不断张扬空间的社会维度和空间的人文维度，在进行城乡规划和城乡社会空间重构时强调城乡主体尤其是乡村居民主体的参与，关注城乡社会的边缘（城乡低收入者、农民工），体现不同群体的政治要求，超越传统的二元化的思维方式，使第三空间拥有解放实践的潜能。体现城乡共生，注重城乡和谐发展；关注空间正义，保障每一个社会群体尤其是城市边缘群体的城市权利，将"权力＋资本"的空间生产改变为"权力＋资本＋社会"的空间生产过程，建设城乡共生和空间正义的城乡社会。

8.5　本章小结

建立苏锡常新型城乡社会空间结构必须破解"权力逻辑"＋"资本逻辑"主导下的城乡空间过程，提高社会力量的参与，形成"权力逻辑"＋"资本逻辑"＋

"社会逻辑"三足鼎立、相互制衡的局面。

"权力逻辑"方面必须推进制度体系改革,包括完善土地制度,建立永久承包权的土地制度,建立农民集体土地的代理人制度,建立自由流动的宅基地制度等保护农民合法财产;继续推进户籍制度改革,降低大城市入户门槛,将户口管理与社会权益脱钩;建立健全农村公共服务体系缩小城乡社会差距,实施生态补偿制度,保护城乡生态环境;同时构建社会力量参与的城乡规划机制,让城乡规划不再是空间的表征和控制的空间生产。

"资本逻辑"方面建立农民、政府、企业和集体四方参与的苏锡常城乡空间生产主体,吸引资本进入农村参与空间生产,在振兴乡村战略背景下实现农村土地承包权的增值。

新型城乡社会体现城乡居民共同参与空间生产,共同享受社会主义空间生产的权益,空间生产以使用价值为主,强调社会力量参与和边缘空间的差异化权益,建立"社会逻辑"下的城乡共生、空间正义的城乡社会。

9 结论与展望

9.1 主要研究结论

对全书进行归纳总结,得出以下结论:

(1) 通过空间生产理论梳理了苏锡常城乡社会空间矛盾

通过对苏锡常城镇化历程的分析,得出苏锡常城镇化历程经历了三个阶段:改革开放前的缓慢城镇化阶段、1979—2012 年的快速城镇化阶段以及 2013 年之后的新型城镇化阶段。快速城镇化阶段导致城镇空间无序蔓延、城乡二元结构和城市二元结构形成、城乡环境危机等空间矛盾。这种矛盾本质上属于空间的矛盾,因为空间既是权力运作的基础,本身也是权力的机制,社会政治矛盾通过空间展示。空间不仅仅是地理概念,而且是反抗行动的重要维度。

苏锡常城市空间的社会生产逐步由城市中心扩展到郊区,甚至扩展到周边的农村区域,覆盖城市周边郊区农民和部分农村居民。城市内部组织空间以及城乡空间不是独立的物理空间,也不是一种单纯的社会关系的简单表达,它们之间具有辩证统一的特点,即生产关系具有空间和社会的统一性,城乡之间的"隔离"阻碍了城乡空间与社会的统一性。

(2) 通过"权力逻辑"和"资本逻辑"分析了苏锡常城乡社会空间的逻辑机理

苏锡常城乡社会空间矛盾可以从"权力逻辑"和"资本逻辑"两条思路进行分析。从"权力逻辑"看,中央权力和地方权力构成的集合体作用于苏锡常城乡社会空间生产过程。中央权力通过户籍制度的制定,人为限制居民的流动,将居民划分为城镇居民和农村居民,本质上通过权力隔离了城乡社会;在资本城镇化过程中,通过城乡二元的土地制度,即城市的国有土地所有制和农村的集体所有制来控制城乡空间生产,通过土地征用等方式征用农民土地,限制农民土地市场化运作。地方权力在中央权力的授权下,或者说在分税制改革的背景下,赋予地方获取土地出让金的权力。最后,城乡规划是政府权力的一种微观实现,是一种空间的表征,城乡规划就是权力控制下的一种空间安排和空间生产过程。

从"资本逻辑看",通过对苏锡常计划经济时期、苏南模式时期、外向型经济时期和新城建设时期的城乡空间生产与资本循环的解析,得出计划经济时期的国家资本工业生产空间生产过程、苏南模式时期集体资本主导的工业空间生产过程、外资主导的开发区空间生产和多重资本主导的土地空间生产过程,前面三个时期以资本的第一次循环为主,即耐用生产品的生产,土地资本化为主的新城建设时期,资本开始重视建成环境投资,进入耐用消费品(住房)的投资,进入资本的第二次循环。

因此苏锡常城乡社会空间结构矛盾本质上是权力和资本双重作用下的城镇化矛盾,作为权力实施者的地方政府既是监管者又是经营者,地方政府必须依靠资本运行才能高效地推进城镇的空间生产;资本必须依靠权力,才能获得最快和最高利润的回报。因而形成"权力"和"资本"共生关系。"权力作为一种资本"和"向权力寻租"也成为空间生产的力量,资本为了获得高额稳定回报,也在寻找权力的空间。"权力"和"资本"结盟是导致城乡社会空间矛盾的最本质的原因。

(3)实证研究了城乡二元空间和城市二元空间重构的举措

首先通过苏州案例分析城乡二元空间重构,从土地制度改革、户籍制度改革和社会保障制度改革等方面提出重构城乡二元社会空间结构,变城乡二元社会空间为城乡一体社会空间结构;同时,从苏州资本第三次循环和创新空间生产角度,进行城乡社会空间重构。苏州资本循环已经进入第三次循环阶段,即资本广泛参与科技发展、科技创新、教育、文化旅游和卫生事业的发展;创新空间生产主体主要为政府、企业、高校科研院所、中介机构、金融机构,它们之间形成一个创新系统,但城市边缘人群很难成为创新空间主宰。因此,强调边缘人群参与城市创新空间生产,是城乡社会空间重构的一大路径。

其次通过对苏锡常流动人口市民化调查和定量分析重构城市二元结构,通过流动人口公共服务均等化、降低流动人口入户条件、促进流动人口土地产权的市场化配置等方面保障流动人口,尤其是边缘人口的城市权利。

(4)提出建立苏锡常新型城乡社会空间结构的措施

构建完善的制度体系,保障城乡居民空间生产的权利。完善土地制度,保障农民合法财产权利。建立农村承包土地"永久承包权",建立集体土地"代理人"制度,在土地征用时可以通过法律维护农民自己的权益,建立农民入股的土地开发模式。新型城乡空间生产要考虑新的土地开发模式,减少城市对乡村土地资源和集体土地国有化的巨大收益掠夺,按照城乡规划的用地要求,循序渐进地进行土地征用。改革户籍制度,逐步将户籍制度回归本来的户籍管理功能,将户籍与社会保障以及公共服务体系逐渐脱钩,降低特大城市的积分入户要求,在挖掘城市容量的前提下适当降低特大城市的入户门槛。不建议将放弃土地承包权和宅基地作为入户的基本要求,可以在自愿的基础上,鼓励农民积极入户。健全社会公共服务体系,缩小城乡差距。建立生态环境保障机制,保护城乡生态环境。

苏锡常建立城镇体系规划、城市规划、乡镇规划和村庄规划"四规一体"的规划体系,建立政府、企业、专家、民众(城乡居民)四方共同参与的城乡规划机制,价值观上应从"为土地开发而规划"转向"为人而规划",将人的空间需求作为规划的核心需求,围绕不同阶层、不同社会群体的空间权利进行规划,满足他们差异化的空间需求。

重构苏锡常城乡资本循环。新的资本循环以城乡社会为空间生产的核心支配地位——城市居民、乡村居民尤其是被征地居民参与城乡空间生产主要是在城市空间生产中。乡村居民在新的资本循环中,不但享有城市生活和空间生产的权利,而且可以获得城市的政治权利。地方政府主要行使公共管理职能,改变传统的以土地财政为主的收入模式,通过征收房产税的形式替代土地出让金,调节不同群体之间的收入差异,改变地方政府过于依赖房地产业的现状,同时降低政府的负债,降低爆发经济危机的风险,避免经济的硬着陆。

苏锡常城乡空间重构必须体现"社会逻辑",要求重视社会群体的社会权力,积极吸引和鼓励社会群体参与城乡规划的空间实践,从空间生产的"空间的表征"视角支配城乡社会空间生产。同时,作为控制权力的政府应该减弱对特定空间的控制(城市户籍尤其是特大城市户籍),降低入户门槛,增强社会行动的话语权和影响。资本循环中通过政策鼓励资本参与乡村空间生产,提高农村承包土地、建设用地、宅基地的交换价值,为农村居民城镇化提供资本支持。

新型的苏锡常城乡空间生产的目标是建立城乡一体、社会公平、空间正义、空间共享的新型社会。城市的空间生产离不开农村,农村特别是县城、镇、村庄也必须参与到城乡资本循环,走上空间生产之路。城乡相互依存,城市的空间生产要保障农村居民的城市权利,不能将农村居民排除在外,农村的空间生产作为改善当地居民和城市居民的生活环境,通过当地良好生态、文化景观建设,吸引城市居民旅游或定居,同时改善本地的公共服务体系,苏锡常城乡之间形成相互流通、空间共享、社会公平的城乡社会空间结构,构建社会主义的和谐社会。

9.2 本书的研究不足及进一步研究设想

(1) 研究不足

空间生产理论是马克思主义理论在新时期的应用与创新,由于笔者的专业背景所限,对于空间生产理论的梳理还不太全面,空间生产理论应用到城乡社会空间结构分析方面缺乏哲学的理性分析,仅仅从空间生产和资本循环角度分析苏锡常城乡社会空间结构,有一定的局限性。

本书试图以经济学、哲学、社会学等多学科方法研究苏锡常城乡社会空间结构,但对于各种学科方法之间的结合存在不足,尤其是经济学模型方面比较简单,虽然对苏锡常流动人口进行了社会调查和模型设计,但是模型的试用方面存在一定的片面性。

本书的研究区域是苏锡常,苏锡常城乡社会空间存在典型特征,但是相对于中西部地区,苏锡常城乡社会空间有很强的个性,因此要加强对中西部城乡社会空间结构的研究。

(2) 进一步研究设想

进一步理解和掌握空间生产理论,将传统以"土地"为主的城镇化转变为以"人"为本的城镇化,尤其关注边缘人群的城市权利研究。

结合中西部案例,分析中西部地区城乡社会空间重构。中西部地区作为人口流出地区,与东部人口净流入地区的社会空间结构不同,中西部地区更要重视农村留守人员的社会空间及重构、城市流动人口的归属及入户。同时结合经济学传统计量模型,通过面板数据分析城乡社会空间。

总之,城乡关系最重要的是解决农民就业和社会保障问题,如何保障城乡社会公共服务一体化,保障农民享有与城市同等教育、医疗和社会保障权利,这些比农民入户更加重要。乡村振兴成为十九大的新的发展战略,咱们必须通过城乡社会空间重构,促进乡村振兴与城乡一体化。

附录

苏锡常流动人口入户能力与入户意愿基本状况调查表

您好,本调查基于对苏锡常流动人口及现状调查,调研分析苏锡常流动人口入户能力和入户意愿,仅供学术研讨使用,不涉及个人隐私。谢谢配合!

1. 您的常住地:A. 苏州　B. 无锡　C. 常州

2. 您的年龄:A. 18 岁以下　B. 19～24 岁　C. 25～44 岁　D. 45～64 岁　E. 65 岁以上

3. 您的婚姻情况:A. 已婚　B. 未婚

4. 您的性别:A. 男　B. 女

5. 您的受教育程度:A. 小学及以下　B. 初中　C. 高中　D. 大专　E. 本科及以上

6. 您从事的行业:A. 制造业　B. 建筑业　C. 运输仓储业　D. 批发零售业
　　　　　　　E 服务业　F 采矿业及其他

7. 您的每月工资收入情况:A. 2 000 元以内　B. 2 001～4 000 元
　　　　　　　　　　　C. 4 001～6 000 元　D. 6 001～8 000 元　E. 8 000 元以上

8. 您参加的医疗保险:A. 苏锡常职工医疗保险　B. 苏锡常城镇居民医疗保险
　　　　　　　　　　C. 家乡新农合医疗保险　D. 家乡城镇居民医疗保险
　　　　　　　　　　E. 没有参加任何医疗保险

9. 您参加的养老保险:A. 苏锡常职工养老保险　B. 苏锡常城镇居民养老保险
　　　　　　　　　　C. 家乡新型农村养老保险　D. 没有参加

10. 您参加的工伤保险:A. 参加　B. 没有参加

11. 您参加的社会低保:A. 苏锡常低保　B. 家乡低保　C. 没有参加

12. 您了解苏州、无锡积分入户政策吗?A. 了解　B. 不知道

13. 您了解苏州、无锡积分入学(入医)政策吗?A. 了解　B. 不知道

14. 您有留苏州、无锡、常州常居愿望吗?A. 有　B. 没有

15. 您觉得您是否有能力获得苏锡常户籍:A. 有　B. 没有

16. 您觉得阻碍您入户苏锡常的因素有:
A. 根据积分规定达不到入户要求(是/否)　B. 房价太高(是/否)　C. 收入太低(是/否)
D. 工作不稳定(是/否)　E. 家乡老人小孩需要照顾(是/否)　F. 老家有土地需要耕种
(是/否)　G. 没有阻碍(是/否)

17. 您的外出打工时间：A. 1 年以内　B. 1～5 年　C. 6～10 年
　　　　　　　　　　D. 10～15 年　E. 15 年以上

18. 您的住房：A. 合租　B. 单位提供公寓　C. 自己拥有住房　D. 简易住房

19. 您是否与用人单位签订劳动合同：A. 签订　B. 没有

20. 您的家乡承包土地处理方式：A. 老人耕种　B. 无偿转包　C. 有偿转包　D. 抛荒

21. 家庭留守农村人员有：A. 老人　B. 老人与小孩　C. 老人、小孩及留守妈妈
　　　　　　　　　　D. 没有任何人留守

22. 家庭留守农村人数：A. 没有　B. 1 人　C. 2 人　D. 3 人　E. 4 人　F. 5 人及以上

23. 您的小孩教育：A. 苏锡常公办学校　B. 家乡学校　C. 苏锡常民办学校
　　　　　　　　　D. 小孩成家　E. 其他

再次感谢您的配合。

参 考 文 献

［1］ Alan de Brauw, Valerie Mueller and Hak Lim Lee. The Role of Rural-Urban Migration in the Structural Transformation of Sub-Saharan Africa［J］. World Development. 2014,63(2): 33 −42.

［2］ A. S. Bhalla. Rural-urban Disparities in India and China University of Manchester［J］, World Development. 1991,19(6):651 −670.

［3］ Barney Cohen. Urban Growth in Developing Countries: A Review of Current Trends and a Caution Regarding Existing Forecasts［J］. World Development. 2004,32 (1):23 −51.

［4］ B. C. Moore, J. Rhodes, P. Tyler. Urban/rural Shift and the Evaluation of Regional Policy［J］. Regional Science and Urban Economics. 1982,12(1):139 − 157.

［5］ Bertrand Schmitt, Mark S. Henry Size and Growth of Urban Centers in French Labor Market Areas: Consequences for Rural Population and Employment［J］. Regional Science and Urban Economics, 2000(1):1 −21.

［6］ Bryant A, Charmaz K. The Sage Handbook of Grounded Theory［M］. London: Sage, 2007.

［7］ Buser M. The Production of Space in Metropolitan Regions: A Lefebvrian Analysis of Governance and Spatial Change ［J］. Planning Theory, 2012, 11 (3): 279 −298.

［8］ Campbell, A. , Converse, R. , & Rodgers, W. The quality of American life: Perceptions, Evaluations and Satisfactions［M］. New York: Russell Sage Foundation, 1976.

［9］ Christiaensen, L. Agriculture for development in East Asia: Lessons from the World Development Report 2008, Special focus in East Asia and Pacific update［M］. Washington: World Bank, 2007.

［10］ Daniel Shefer. The Effect of Agricultural Price-support Policies on Interregional and Rural-to-urban Migrationin Korea: 1976 − 1980［J］. Regional Science and Urban Economics. 1987,17(3):333 - 344.

［11］ Deirdre Conlon. Productive Bodies, Performative Spaces: Everyday Life in Christopher Park［J］. Sexualities, 2004,7(4):462 - 479.

［12］ Epstein, T. Scarlett and Jezeph, David. Development-There is Another Way: A Rural-Urban Partnership Development Paradigm［J］. World Development. 2001,29 (8):14 - 43.

［13］ Frisvoll S. Power in the Production of Spaces Transformed by Rural Tourism ［J］. Journal of Rural Studies,2012,28(4):447 - 457.

［14］ Gottdiener M. The Social Production of Urban Space［M］. Texas: University of Texas Press, 1985.

［15］ Gregory D. Geographical Imaginations［M］. Cambridge MA & Oxford UK: Blackwell,1994.

［16］ Hamid Mohtadi. Rural Stratification, Rural to Urban Migration, and Urban Inequality: Evidence from Iran［J］. World Development. 1986,14(6):713 - 725.

［17］ Hamid Mohtadi. Rural inequality and rural-push versus urban-pull migration: The case of Iran, 1956 - 1976［J］. World Development. 1990,18(6):837 - 844.

［18］ Handan Turkoglu. Sustainable Development and Quality of Urban Life. ASEAN-Turkey ASLI (Annual Serial Landmark International) Conference on Quality of Life, 2014［J］. Procedia-Social and Behavioral Sciences, 2015(20):10 - 14.

［19］ Harvey, David. The Urbanization of Capital［M］. Basil Blackwell, 1985.

［20］ Hayashi, Takashi, Measuring rural-urban disparity with the Genuine Progress Indicator: A case study in Japan［J］. Ecological Economics, 2015,120(12):260 - 271.

［21］ Halfacree K. Trial by space for a 'radical rural': Introducing alternative localities,representations and lives［J］. Journal of Rural Studies, 2007,23(2):125 - 141.

［22］ Hirschman, A. The Strategy of Economic Development［M］. New Haven, Conn. : Yale University press, 1958.

［23］ Ian Livingstone. A Reassessment of Kenya's Rural and Urban Informal Sector ［J］. World Development. 1991,19(6):651 - 670.

［24］ Isabel Maria Madaleno, Alberto Gurovich. "Urban Versus Rural" No Longer Matches Reality:AnEarly Public Argo-residential Development in Periurban Santiago［J］. Cities. 2004,21(6):513 - 526.

［25］ Jon Sigurdson. Rural Industrialization: A Comparison of Development Planning in China and India［J］. World Development. 1978,6(5):667 - 680.

[26] Josef Gugler. Life in a Dual System Revisited: Urban-rural Ties in Enugu, Nigeria, 1961 – 87[J]. World Development. 1991,19(5):399 – 409.

[27] Karplus Y,Meir A. From Congruent to Non-congruent Spaces: Dynamics of Bedouin Production of Space in Israel[J]. Geofo-rum, 2014(52):180 – 192.

[28] Kahneman, D. , Diener, E. & Schwarz, N. (Eds.) Well-being: The Foundations of Hedonic Psychology[M]. New York: Russell Sage Foundation, 1999.

[29] Karen Macours Sais-Johns and Johan F. M. Swinnen. Rural-Urban Poverty Differences in Transition Countries[J]. World Development. 2008,36(11): 2170 – 2187.

[30] Lefebvre, Henri. The Survival of Capitalism: Reproduction of the Relations of Production[M]. London: Allison and Busby, 1976.

[31] Luc Charistiaensen and Yasuyuki Todo. Poverty Reduction During the Rural-Urban Transformation[J]. World Development, 2014(63):43 – 58.

[32] Marans, R. W. , & Rodgers, W. Towards an Understanding of Community Satisfaction. In A. Hawley & V. Rock (Eds.), Metropolitan America in contemporary perspective[M]. New York: Halsted Press, 1975.

[33] Marans, R. W. & Mohai, P. Leisure Resources, Recreation Activity, and the Quality of Life[M]. In B. L. Driver. , P. Brown, & G. L. Peterson, (Eds.), The Benefits of LeisureState College, PA. : Venture Publishing, 1991.

[34] Marans, R. W. Understanding Environmental Quality Through Quality of Life Studies: The 2001 DAS and its Use of Subjective and Objective Indicators [J]. Landscape andUrban Planning, 2002,99(1): 1 – 11.

[35] Mihalea Roberta Stanef. Measuring Differences in Urban-rural Development: The Case of Unemployment(R). Academia de Studii Economice Bucuresti, 2012.

[36] Nasongkhla S, Sintusingha S. Social Production of Space in JohorBahru[J]. Urban Studies, 2012,50(9):1836 – 1853.

[37] Nazym Shedenova, Aigul Beimisheva. Social and Economic Status of Urban and Rural Households in Kazakhstan[C]. Procedia-Social and Behavioral Sciences, 2013 (82): 585 – 591.

[38] Olds K. Globalization and the Production of New Urban Spaces: Pacific Rim Megaprojects in the Late 20th Century[J]. Environment and Planning A,1995,27(11): 1713 – 1743.

[39] Peter Lugosi. The Production of Hospitable Space: Commercial Propositions and Consumer Co-Creation in a Bar Operation[J]. Space and Culture,2009,12(4):396 –

411.

[40] Phillips M. The Production, Symbolization and Socialization of Gentrification: Impressions from two Berkshire Villages[J]. Transactions of the Institute of British Geographers,2002,27 (3):282－308.

[41] Richard A. Easterlin, Laura Angelescu and Jacquelines Zweig. The Impact of Modern Economic Growth on Urban-Rural Differences in Subjective Well-Being[J]. World Development. 2011,39(12): 2187－2198.

[42] Robert B Potter and Tim Unwin. Urban-rural Interaction: Physical form and Political Process in the Third World[J]. Cities. 1995,12(1): 67－73.

[43] Salvador Barrios, Luisito Bertinelli, Eric Strobl. Climatic Change and Rural-urban Migration: TheCase of Sub-Saharan Africa[J]. Journal of Urban Economics. 2006,60(3): 357－371.

[44] Smith N. Toward a Theory of Gentrification: A Back to the City Movement by Capital, not People[J]. Journal of the American Planning Association,1979,45(4):538－548.

[45] Scott A J(Ed.). Global City-Regions: Trends, Theory, Policy[M]. Oxford: Oxford University Press,2001.

[46] Thrift N,French S. The Automatic Production of Space[J]. Transactions of the Institute of British Geographers,2002,27(3):309－335.

[47] Wilson J. The Devastating Conquest of the Lived by the Conceived: The Concept of Abstract Space in the Work of Henri Lefebvre[J]. Space and Culture,2013 (16):364－380.

[48] Zawawi Z, Corijn E,VanHeur B. Public Spaces in the Occupied Palestinian Territories[J]. GeoJournal,2013,78(4):743－758.

[49] 吴传钧.国际地理学发展趋向述要[J].地理研究,1990(5):1－14.

[50] 顾朝林,刘海泳.西方"马克思主义"地理学——人文地理学的一个重要流派[J].地理科学,1999(3):237－242.

[51] 包亚明.现代性与空间生产[M].上海:上海人民出版社,2003.

[52] 张双利.列斐伏尔的现代性思想述评[J].马克思主义与现实,2003(4):117－122.

[53] 张子凯.列斐伏尔《空间的生产》述评[J].江苏大学学报(社会科学版),2007(5):10－14.

[54] 刘怀玉.列斐伏尔与20世纪西方的几种日常生活批判倾向[J].求是学刊,2003(5):44－50.

［55］刘怀玉.为日常生活批判再辩护——论列斐伏尔《日常生活批判》第二卷的基本意义［J］.江苏行政学院学报,2005(5):16－21.

［56］吴宁.列斐伏尔日常生活批判理论评析［J］.中共浙江省委党校学报,2005(4):54－60.

［57］吴宁.列斐伏尔对日常生活与非日常生活的思辨及其评价［J］.南京社会科学,2007(12):23－29.

［58］吴宁.国家、自治和空间——列斐伏尔的国家观评析［J］.理论视野,2009(4):20－23.

［59］陈玉琛.列斐伏尔空间生产理论的演绎路径与政治经济学批判［J］.清华社会学评论,2017(2):136－160.

［60］孙全胜.论列斐伏尔的国家空间生产理论［J］.河南科技大学学报(社会科学版),2017,35(5):22－29.

［61］关巍.列斐伏尔论国家认同与日常生活认同［N］.中国社会科学报,2018－11－13(002).

［62］孙全胜.列斐伏尔社会空间辩证法的特征及其建构意义［J］.浙江理工大学学报(社会科学版),2017,38(5):450－458.

［63］陈慧平.列斐伏尔的社会空间理论批判［J］.人文杂志,2017(9):17－24.

［64］赵罗英.列斐伏尔的社会空间理论及其启示［J］.河南科技大学学报(社会科学版),2013,31(5):36－38.

［65］杨有庆.城市化与空间的生产——列斐伏尔哲学思想"空间转向"探析［J］.兰州交通大学学报,2011,30(5):13－16.

［66］巨澜.哈维城市空间理论述评［J］.黑河学刊,2009(2):18－19.

［67］章仁彪,李春敏.大卫·哈维的新马克思主义空间理论探析［J］.福建论坛(人文社会科学版),2010(1):55－60.

［68］李春敏.大卫·哈维的空间正义思想［J］.哲学研究,2012(4):34－40.

［69］张佳.大卫·哈维空间批判理论分析［J］.江汉论坛,2012(2):57－61.

［70］王雪松.大卫·哈维的空间理论研究［D］.上海:东华大学硕士学位论文,2016.

［71］张一兵.哈维与当代马克思主义［J］.学习与探索,2018(8):3－5.

［72］赫曦滢,赵海月.大卫·哈维:全球空间生产的资本逻辑再认识［J］.兰州学刊,2011(12):10－14.

［73］张佳.全球空间生产的资本积累批判——略论大卫·哈维的全球化理论及其当代价值［J］.哲学研究,2011(6):22－27.

［74］吴红涛.全球资本话语的地方建构与想象共同体的地方塑形—哈维对

"地方"批判性辨识[J].理论月刊,2018(11):43-51.

[75] 董慧.当代资本的空间化实践——大卫·哈维对城市空间动力的探寻[J].哲学动态,2010(10):38-44.

[76] 李晓乐,王英,王志刚.环境·正义·阶级——略论戴维·哈维的空间正义思想[J].自然辩证法研究,2012(11):54-59.

[77] 包庆德,刘雨婷.哈维的历史——地理唯物主义与空间正义理论[J].自然辩证法研究,2018,34(9):74-79.

[78] 薛稷.空间批判与正义发掘——大卫·哈维空间正义思想的生成逻辑[J].马克思主义与现实,2018(4):110-115.

[79] 王蒙.爱德华·苏贾社会—空间辩证法的哲学批判[D].苏州:苏州大学硕士学位论文,2011.

[80] 史旭.爱德华·苏贾的空间理论解读[D].广州:广州大学硕士学位论文,2012.

[81] 唐正东.社会—空间辩证法与历史想象的重构——以爱德华·苏贾为例[J].学海,2016(01):170-176.

[82] 李娜.爱德华·苏贾城市空间思想研究[D].上海:上海师范大学博士学位论文,2015.

[83] 冯忆.爱德华·苏贾的空间理论研究[D].武汉:中南财经政法大学博士学位论文,2017.

[84] 赫曦滢.曼纽尔·卡斯特城市理论的思想谱系与论域构建[J].社会科学战线,2013(12):261-262.

[85] 王志刚.曼纽尔·卡斯特的结构主义马克思主义城市理论[J].马克思主义与现实,2014(6):90-96.

[86] 余婷.曼纽尔·卡斯特的流动空间理论研究[D].南京:南京大学博士学位论文,2014.

[87] 牛俊伟.城市问题马克思主义化的典范——卡斯特《城市问题》析微[J].国际城市规划,2015,30(1):109-114.

[88] 华全红,寇国庆.空间的生产与文学阅读——对张爱玲小说《封锁》的解读[J].牡丹江大学学报,2007(1):65-67.

[89] 谢纳.空间生产与文化表征[D].沈阳:辽宁大学博士学位论文,2008.

[90] 张武进.空间视阈下的电影空间[D].武汉:华中师范大学博士学位论文,2009.

[91] 何同彬.空间生产与网络诗歌的瓶颈[J].当代作家评论,2010(2):178-181.

［92］郎静.论维·苏·奈保尔小说中的空间生产［D］.兰州:兰州大学博士学位论文,2013.

［93］蒋格.纪录片的空间生产与文化表征研究［D］.兰州:西北师范大学硕士学位论文,2016.

［94］任平.空间的正义——当代中国可持续城市化的基本走向［J］.城市发展研究.2006(5):1-4.

［95］庄友刚.城市发展的当代趋势与城乡一体化发展的现实反思——基于历史唯物主义空间生产视角的分析［J］.苏州大学学报(哲学社会科学版),2013,34(5):67-72.

［96］庄友刚.马克思主义城市观与马克思主义哲学当代出场范式的创新［J］.吉林大学社会科学报,2018(4):22-28.

［97］陈立新,唐宝良.论社会生活实践本质的原始动因［J］.学术研究,2013(11):9-17.

［98］王贵楼.空间转向与价值发掘:西方当代马克思主义空间政治思想探究［J］.云南社会科学,2014(3):38-41.

［99］刘怀玉.中国道路自信中的历史空间辩证法［J］.武汉大学学报(哲学社会科学版),2018,71(6):60-70.

［100］孙全胜.空间生产伦理:条件、诉求与建构路径［J］.理论月刊,2018(6):52-59.

［101］高峰.城市空间生产的运作逻辑——基于马克思主义空间理论的分析［J］.学习与探索,2010(1):9-14.

［102］魏开,许学强.城市空间生产批判——新马克思主义空间研究范式述评［J］.城市问题,2009(4):83-87.

［103］高峰.空间的社会意义:一种社会学的理论探索［J］.江海学刊,2007(2):44-48.

［104］景晓芬,李世平.城市空间生产过程中的社会排斥［J］.城市问题,2011(10):9-14.

［105］叶超,柴彦威.城市空间的生产方法论探析［J］.城市发展研究,2011(12).86-89.

［106］王素萍.对"空间生产"的中国本土化思考［J］.哈尔滨工业大学学报(社会科学版),2013(2):108-112.

［107］魏开,许学强.城市空间生产批判——新马克思主义空间研究范式述评［J］.城市问题,2009(4):83-87.

［108］庄友刚.从技术建构到社会建构:中国城市化发展的历史抉择——基于

空间生产的视角[J].苏州大学学报(哲学社会科学版),2012,33(2):60－66＋191.

[109] 范建红.资本循环视角下的中国城乡转型思考[J].热带地理,2018(5):699－706.

[110] 赵杰.压缩与叠加:中国城市化与"生产政治"演化的独特路径(1978－2012)[D].上海:复旦大学硕士学位论文,2012.

[111] 何鹤鸣.增长的局限与城市化转型——空间生产视角下社会转型、资本与城市化的交织逻辑[J].城市规划,2012,36(11):91－96.

[112] 朱江丽.资本全球性空间生产与中国城市化道路探索[J].马克思主义研究,2013(11):60－68.

[113] 武廷海,杨保军,张城国.中国新城:1979－2009[J].城市与区域规划研究,2017,9(1):126－150.

[114] 陈建华.中国城市空间生产与空间正义问题的资本逻辑[J].学术月刊,2018,50(7):60－69.

[115] 韩婷.空间生产视角下城市空间扩展研究[D].济南:山东大学硕士学位论文,2018.

[116] 许永成."空间生产"主导下城市更新中的地方建构研究[D].广州:华南理工大学硕士学位论文,2018.

[117] 吴细玲.对城市空间认同的思考——以厦门城市空间为例[J].特区经济,2017(5):43－47.

[118] 周婕,邹游.空间生产核心论题视角下的城市更新实证研究——以武汉市为例[J].城市问题,2018(9):20－26.

[119] 张晓虹,孙涛.城市空间的生产——以近代上海江湾五角场地区的城市化为例[J].地理科学,2011,31(10):1181－1188.

[120] 叶丹,张京祥.日常生活实践视角下的非正规空间生产研究——以宁波市孔浦街区为例[J].人文地理,2015,30(5):57－64.

[121] 荆锐,陈江龙,袁丰.上海浦东新区空间生产过程与机理[J].中国科学院大学学报,2016,33(6):783－791.

[122] 魏敏莹,刘云刚.1990年代以来广州城市涂鸦空间的形成与嬗变——基于空间生产的视角[J].人文地理,2018,33(2):43－49.

[123] 刘正坤."空间异化"视角下城市公共休闲空间的再建构[D].泉州:华侨大学硕士学位论文,2017.

[124] 王勇,李广斌,王传海.基于空间生产的苏南乡村空间转型及规划应对[J].规划师,2012,28(4):110－114.

[125] 郭凌,王志章.乡村旅游开发与文化空间生产——基于对三圣乡红砂村

的个案研究[J].社会科学家,2014(4):83-86.

[126] 土丹.基于空间生产理论的古村落文化景观研究[D].西安:西安建筑科技大学硕士学位论文,2016.

[127] 高慧智,张京祥,罗震东.复兴还是异化? 消费文化驱动下的大都市边缘乡村空间转型——对高淳国际慢城大山村的实证观察[J].国际城市规划,2014,29(1):68-73.

[128] 周尚意,许伟麟.时空压缩下的中国乡村空间生产——以广州市域乡村投资为例[J].地理科学进展,2018,37(5):647-654.

[129] 刘林,关山,李建伟,等.城郊型村庄空间生产过程与机理——铜川市3个村庄的案例实证[J].西北大学学报(自然科学版),2018,48(1):132-142+148.

[130] 范颖.基于空间生产理论的四川乡村建设理想空间发展探寻——四川省宜宾县"西部第一'香'村"建设实证研究[J].农村经济,2017(2):77-82.

[131] 方远平,易颖,毕斗斗.传承与嬗变:广州市小洲村的空间转换[J].地理研究,2018(11):2318-2330.

[132] 许璐,罗小龙,王绍博,等."洋家乐"乡村消费空间的生产与乡土空间重构研究——以浙江省德清县为例[J].现代城市研究,2018(9):35-40.

[133] 杨宇振.时空压缩与中国城乡空间极限生产[J].时代建筑,2011(3):18-21.

[134] 董萍.新型城镇化与城乡社会空间构建[D].济南:山东大学硕士学位论文,2016.

[135] 漆文娟.马克思主义社会空间视域下中国城乡关系研究[D].兰州:西北民族大学硕士学位论文,2017.

[136] 龚天平,张军.资本空间化与中国城乡空间关系重构——基于空间正义的视角[J].上海师范大学学报(哲学社会科学版),2017,46(2):29-36.

[137] 阮梦乔.空间生产视角下风景名胜地区城乡空间发展特征与机制研究[D].南京:南京大学硕士学位论文,2012.

[138] 徐旳,朱喜钢.近代南京城市社会空间结构变迁——基于1929、1947年南京城市人口数据的分析[J].人文地理,2008(6):17-22.

[139] 徐旳,汪珠,朱喜钢.南京城市社会空间结构[J].地理研究,2009(2):484-498.

[140] 汪毅.城市社会空间的历时态演变及动力机制[J].上海城市管理,2016(1):66-70.

[141] 宋伟轩,吴启焰,朱喜钢.新时期南京居住空间分异研究[J].地理学报,2010(6):685-694.

[142] 何淼.城市更新中的空间生产:南京市南捕厅历史街区的社会空间变迁[D].南京:南京师范大学硕士学位论文,2012.

[143] 钱前,甄峰,王波.南京国际社区社会空间特征及其形成机制[J].国际城市规划,2013(3):98 – 103.

[144] 汪毅,何淼,宋伟轩.侵入与接替:内城区更新改造地块的社会空间演变[J].城市规划,2016(3):22 – 29.

[145] 宋伟轩,毛宁,陈培阳等.基于住宅价格视角的居住分异耦合机制与时空特征[J].地理学报,2017(4):589 – 602.

[146] 崔晗.苏南小城镇空间分异研究——以吴江市为例[D].苏州:苏州科技大学硕士学位论文,2007.

[147] 姚晓光.苏州边缘区住区簇团发展模式研究[D].苏州:苏州科技大学硕士学位论文,2010.

[148] 曹灿明,段进军.苏州城市社会空间分异研究[J].南京邮电大学学报(哲学社会科学版),2015(2):57 – 64.

[149] 李倩倩.苏州城乡空间转型研究[D].苏州:苏州大学硕士学位论文,2016.

[150] 何江夏.绅士化视角下苏州古城传统街区空间优化策略研究[D].苏州:苏州科技大学硕士学位论文,2017.

[151] 郭广东.市场力作用下城市空间形态演变的特征和机制研究[D].上海:同济大学硕士学位论文,2007.

[152] 陈晓华.乡村转型与城乡空间整合研究[D].南京:南京师范大学硕士学位论文,2008.

[153] 倪方钰.苏南城镇化空间转型研究[D].苏州:苏州大学硕士学位论文,2014.

[154] 毛泽东.论十大关系(节选)[M].北京:人民出版社,1991.

[155] 张雨林.论城乡一体化[J].社会学研究,1988(5):25 – 32.

[156] 戴式祖.城乡一体化是经济社会发展的趋势[J].城市问题,1988(4):27 – 29.

[157] 钟逖.城乡一体化的概念结构和功能[J].社会信息,1989(12):15 – 19.

[158] 孙自铎.城乡一体化新析[J].经济地理,1989(1):26 – 29.

[159] 骆子程.城乡一体工农一体[J].城市问题,1988(2):27 – 29.

[160] 伍新檗.城乡一体与区域生态经济研究[J].城市问题,1988(2):18 – 24.

[161] 范磊.城乡边缘区概念和理论的探讨[J].天津商学院学报,1998(3):

28 – 33.

[162] 周一星. 中国大城市的郊区化趋势[J]. 城市规划汇刊, 1998(3):
22 – 27.

[163] 柴彦威. 郊区化及其研究[J]. 经济地理, 1995(12):48 – 53.

[164] 石忆邵, 张翔. 城市郊区化研究述要[J]. 城市规划汇刊, 1997(3):
56 – 58.

[165] 周叔莲. 中国城乡经济及社会的协调发展(上)[J]. 管理世界, 1996(3):
15 – 24.

[166] 周叔莲. 中国城乡经济及社会的协调发展(下)[J]. 管理世界, 1996(4):
35 – 44.

[167] 陈吉元, 韩俊. 农民收入增长渔农村经济结构变动关系的研究[J]. 中国
农村观察, 1995(1):1 – 16.

[168] 王积业, 王建. 我国二元结果矛盾与工业化战备选择[M]. 北京:中国计
划出版社, 1996.

[169] 费孝通. 中国城镇化之路[M]. 呼和浩特:内蒙古人民出版社, 2010.

[170] 战金艳. 城乡关联发展评价模型系统构建[J]. 地理研究, 2003(4):
495 – 501.

[171] 张平军. 统筹城乡经济社会发展是我国经济社会发展的重大战略举措
[J]. 甘肃农业, 2006(2):13 – 13.

[172] 许经勇. 构建城乡一体化的新型城乡关系——建设社会主义新农村的
理论思考[J], 财经问题研究, 2006(4):70 – 74.

[173] 陈明星, 叶超, 周义. 城市化速度曲线及其政策启示[J]. 地理研究, 2011
(8):1499 – 1507.

[174] 居占杰. 我国城乡关系阶段性特征及统筹城乡发展路径选择[J]. 江西
财经大学学报, 2011(1):56 – 62.

[175] 张鸿雁. 中国新型城镇化理论与实践创新[J]. 社会学研究, 2013(3):
1 – 14.

[176] 单卓然, 黄亚平. "新型城镇化"概念内涵、目标内容、规划策略及认识误
区解析[J]. 城市规划学刊, 2013(2):16 – 22.

[177] 杨新华. 新型城镇化的本质及其动力机制研究[J]. 中国软科学, 2015
(4):183 – 192.

[178] 王新越, 秦素贞, 吴宁宁. 新型城镇化的内涵、测度及区域差异研究[J].
地域研究与开发, 2014(4):69 – 75.

[179] 倪鹏飞. 新型城镇化的基本模式、基本路径与推进对策[J]. 江海学刊,

2013(1):87 – 94.

[180] 中国金融40人论坛课题组.加快推进新型城镇化:对若干重大体制改革问题的认识与对策建议[J].中国社会科学,2013(7):59 – 76.

[181] 李琬,孙斌栋."十三五"期间中国新型城镇化道路的战略重点[J].城市规划,2015,39(2):23 – 30.

[182] 谢呈阳,胡汉辉,周海波.新型城镇化背景下"产城融合"的内在机理与作用路径[J].财经研究,2016,42(1):72 – 82.

[183] 贾兴梅,李俊,严伟.安徽省新型城镇化协调水平测度及比较[J].经济地理,2016,36(2):80 – 86.

[184] 张丽琴,陈烈.新型城镇化影响因素的实证研究[J].中央财经大学学报,2013(12):84 – 91.

[185] 张引,杨庆媛,李闯.重庆市新型城镇化发展质量评价与比较分析[J].经济地理,2015,35(7):79 – 86.

[186] 张占仓,蔡建霞.河南省新型城镇化战略实施的亮点研究[J].经济地理,2013,33(7):53 – 58.

[187] 张开华,方娜.湖北省新型城镇化进程中产城融合协调度评价[J].中南财经政法大学学报,2014(3):43 – 48.

[188] 尹鹏,李诚固.新型城镇化情境下人口城镇化与基本公共服务关系研究[J].经济地理,2015(1):61 – 67.

[189] 吴福象,沈浩平.新型城镇化基础设施空间溢出与地区产业结构升级[J].财经科学,2013(7):89 – 98.

[190] 张占斌,黄锟.我国新型城镇化健康状况的测度与评价[J].经济社会体制比较,2014(6):32 – 42.

[191] 于燕.新型城镇化发展的影响因素[J].财经科学,2015(2):131 – 140.

[192] 薛翠翠,冯广京,张冰松.城镇化建设资金规模及土地财政改革[J].中国土地科学,2013(11):90 – 96.

[193] 田莉,姚之浩,郭旭.基于产权重构的土地开发[J].城市规划,2015(1):22 – 29.

[194] 中国金融40人论坛课题组.土地制度改革与新型城镇化[J].金融研究,2013(5):114 – 125.

[195] 孙中伟.农民工大城市定居偏好与新型城镇化的推进路径研究[J].人口研究,2015,39(5):72 – 86.

[196] 李迎生,袁小平.新型城镇化进程中社会保障制度的回应[J].社会科学,2013(11):76 – 85.

[197] 张许颖,黄匡时.以人为核心的新型城镇化的基本内涵、主要指标和政策框架[J].中国人口·资源与环境,2014,24(11增):280-283.

[198] 张文明.新型城镇化:城乡关系发展中的"人本"回归[J].华东师范大学学报(哲学社会科学版),2014(5):97-107.

[199] 包亚明.后现代性与地理学的政治[M].上海:上海教育出版社,2001.

[200] 宋林飞,张步甲.江苏改革与发展20年(1978-1998)[M].南京:南京大学出版社,1998.

[201] 叶裕民.如何破解人口市民化难题[EB/OL].http://www.360doc.com/content/17/0701/15/29405657_667982626.shtml.

[202] 刘召通,张广宇,李德洗.农民工市民化待遇期盼及意向分析[J].调研世界,2014(2):26-28.

[203] 王桂新,胡健.城市农民工社会保障与市民化意愿[J].人口学刊,2015(6):45-11.

[204] 黄祖辉,毛迎春.浙江农民市民化[J].浙江社会科学,2004(1):43-48.

[205] 张翼.农民工"进城落户"意愿与中国近期城镇化道路的选择[J].中国人口科学,2011(2):14-26.

[206] 刘爱玉.城市化过程中的农民工市民化问题[J].中国行政管理,2012(1):112-118.

[207] 徐建玲.农民工市民化进程度量:理论探讨与实证分析[J].农业经济问题,2008(9):65-70.

[208] 梅建明,袁玉洁.农民工市民化意愿及其影响因素[J].江西财经大学学报,2016(1):68-77.

[209] 李瑞,刘超.城市规模与农民工市民化能力[J].经济问题探索,2018(2):75-85.

[210] 王静.融入意愿、融入能力与市民化[J].区域经济评论,2017(1):128-137.

[211] 李练军,潘春芳.中小城镇新时代农民工市民化能力测度及空间分异研究——来自江西省的调查[J].中国农业资源与区划,2017(1):175-180.

[212] 王海龙.新型城镇化背景下流动人口市民化过程研究[J].商业经济研究,2015(2):41-43.

[213] 李育林.新型城镇化背景下户籍制度改革的"积分制"探索——基于广东、上海的比较[J].广东广播电视大学学报,2014(2):96-99.

[214] 罗尔斯著,何怀宏译.正义论[M].北京:中国社会科学出版社,2001.

[215] 黑川纪章.城市革命:从公有到共有[M].徐苏宁,吕飞,译.北京:中国建筑工业出版社,2011.